石之物语：
解密矿物学

[俄] 亚历山大·叶夫根尼耶维奇·费尔斯曼　著

石英　译

中国青年出版社

图书在版编目（CIP）数据

石之物语：解密矿物学 /（俄罗斯）亚历山大·叶
夫根尼耶维奇·费尔斯曼著；石英译 . — 北京：中国
青年出版社，2025.1. — ISBN 978 – 7 – 5153 – 7470 – 3

Ⅰ.P57–49

中国国家版本馆 CIP 数据核字第 2024YW7050 号

责任编辑：彭岩
出版发行：中国青年出版社
社　　址：北京市东城区东四十二条 21 号
网　　址：www.cyp.com.cn
编辑中心：010 – 57350407
营销中心：010 – 57350370
经　　销：新华书店
印　　刷：三河市君旺印务有限公司
规　　格：660mm × 970mm　1/16
印　　张：13
字　　数：153 千字
版　　次：2025 年 1 月北京第 1 版
印　　次：2025 年 1 月河北第 1 次印刷
定　　价：58.00 元

如有印装质量问题，请凭购书发票与质检部联系调换
联系电话：010 – 57350337

目录

第一章　大自然里和城市里的石头

1.1 我的收集品

我刚 6 岁时就特别喜欢矿物。我们几个孩子每年夏天都到克里木去；克里木有一条辛菲罗波尔马路，我们就住在靠近那条马路的一所房子里，我们常常爬到那所房子附近的悬崖峭壁上去玩。这些悬崖峭壁上有几条水晶的矿脉。水晶这种石头像水那样透明，但是非常坚硬，很难把它凿碎，我费了很大的劲才用小刀把它从坚硬的岩石里剔出了几块。现在还记得，那时候我们几个孩子看见了水晶的晶体，像琢磨过的宝石一样好看，真是说不尽的高兴，我们把它小心地包在棉花里，给它取名叫做"小手风琴"。这种天然磨光的石块是我们亲自在悬崖峭壁上找到的，而老人们看见了，却总要怀疑这不是我们从山里找到的，而是经过人工琢磨的。我们听了总要洋洋得意地反驳他们。

我们继续进行了"勘查"；有一次，在一所老房子里，在房顶的一间小房子里我们发现了一套矿物，上面满是灰尘。我们把那些矿物拿下来用水冲洗，用布擦干，然后欢天喜地地把它们拿来跟我们的水晶放在一起。我们发现，那些矿物里有几块是很普通的石头，并不漂亮，正是克里木山中常见的那种。那种常见的石头，我们起初都不采集，甚至不感兴趣，因为我们想：那都是些普通的石头，决比不上我们的水晶晶体。但是，那次我们却发现那些普通的石块上面都贴着小小的号码。附在那套矿物一起的还有一张单子，上面写着许多名字。记得，当时我们看到了那种情况是多么惊讶：原来连普通的石块也都有名字啊！原来这些东西也是我们应该收集的啊！于是，从那时候起，我们连那类普通石块也收集了；我们很快就看出，克里木各地的悬崖峭壁是多么不一样：有些岩石是软的、白的——石灰岩；有些是硬的、黑的。

这样，我们就慢慢地收集了一套矿物和石块。不久我们又买了几本讲石头的书来看。收集石块成了我们几个孩子生活中的一个项目；每年夏天，我们一有工夫就去找石块。我们住地附近不但有大山和悬崖峭壁，而且有几个很大的采石场（那里开出的石头都是供修路用的）。采石场里各种各样的石头多么奇怪而且好玩啊：有些软的像皮肤，像纤维；有些是好看的透明晶体；有些显出光怪陆离的颜色，还带有条纹，看上去像丝织品或印花布！这类小的石块我们从采石场里运走了好几十千克；固然，这些石块的名字我们并不都说得出来，可我们还是能够把它们辨认清楚。

日子慢慢地过去，跟我一起收集石块的小朋友都改变了兴趣，我就成了全部收集品的唯一的所有者。我的收集品一年比一年多。我觉得，在我的克里木故乡或者在敖德萨海岸已经没有什么石块可收集了。于是就告诉所有我的熟人，请他们从俄国的各个地方给我弄些石块来；我每到熟人家去，只要看见他们的书架上或者书桌上放着漂亮的石块，我就非常喜欢，常常不客气地请他们把这些石块送给我。

后来我在国外一连住了好几年，使我获得了收集石块的新机会：我看见有些商店里陈列着小巧玲珑的小玻璃格子，里面摆着的石块都是些闪亮的晶体，真是说不尽的好看。每块石头旁边都有一个小标签，上面不但写着这块石头的名字，还写着它的产地，标着售价。看来这些"宝贝"是出卖的啊！于是我的生活史开始了新的一页：我把所有闲钱都拿来买了石块。我回国的时候就把买来的这些石块小心地装在一个小箱里带了回来，入境的时候我提心吊胆地把这个小箱子打开来给海关人员检查，到了家我就把带回的石块跟我原先收集的石块合并放在一起。

我的收集品多起来了，不但增多，而且逐渐地变成了真正的科学收集品。我给每一块石头附上一个标签，记上这种矿物的名字和发现的地方。

我对于这个"大学"①已经有了一些认识。感觉骄傲的是：我不但会收集石块，而且说得出这些石块的名字了。

又过了许多年：我中学毕业了，大学也毕业了。我的收集品多达好几千件；收集石块原是我童年的娱乐，现在却变成了一件科学工作。我小时候的兴趣只是收集石块来玩，现在玩的兴趣却转变成科学创造的兴趣了。

我已经不可能把那么多的收集品藏在家里。于是我把所有这些东西分成两部分：一部分是有科学价值的，我研究过了以后，就连同我在克里木收集到的矿物一齐送给了莫斯科大学；另一部分很好地陈列在莫斯科的第一国民大学里，许多人到那里去看了以后，对于讲石头的这门科学——矿物学都有了认识。

以上所讲的只是我个人的一段收集石块的历史。我当然没有很大的价值，但是，每一块石头对于收集者自己来说是多么有意思啊！收集者在悬崖峭壁的一个裂缝里无意中发现一些好看的矿石晶体，或在一堆山麓碎石时发现一些新的、从来没有见过的矿物，当时他是多么快活啊！

童年时代的那种娱乐决定了我的一生和我此后的工作：我不再替我个人渺小的收集工作打算了，我越来越关心怎样使国家的大博物馆保持全世界的荣誉；我也不再在家里用简陋的、粗糙的方法来辨认石头了，我要在规模宏大的科学院研究所里用科学的方法来做鉴定；我不再爬到公路旁边的悬崖峭壁上去了，我要到北极圈、中亚沙漠、乌拉尔荒林和帕米尔山麓等遥远的地方去作艰苦的探险。同时，讲石头的科学——矿物学也发展成了现代科学思想上的一个大的、重要的部分；它不但讲述地球上的种种石头和鉴定石头的方法，而且讲述石头有哪些成分，它是怎样生成的，它会有什么变化，人要求它在工作中和生活中起什么作用，和人将怎样来使用

___

① 这是一个比喻，指某一门知识，这里是指矿物学。——译者注

它，等等。所以，寻找石块已经等于原料，等于寻找新的矿山，为寻找石头而努力也就等于为工业和新的经济事业而努力了！

1.2　在矿物博物馆里

我们到科学院矿物博物馆去吧。我们去过动物博物馆，那里的野兽和各种各样的甲虫都很能引起我们的兴趣；我们也去过古生物陈列馆，那里有绝了种的各种凶猛的动物的骨骼，有娇柔的海百合和变成了石头的贝壳，那些也使我们感到惊奇。从前，所有这些生物都会有过它们自己的一段生命史：它们活动过，吃过，发育过，彼此搏斗过，后来就死了。这个到处都有生活、生长和变化的世界是多么有趣啊！

可是铺在路上的大方块石头看上去是不起变化的，人行道上的石板、大量从产地运来建造房子的石块是没有生命的；石头既然是死的，所以你一想起它就感到枯燥无味。拿一堆平淡无奇的粗糙的石块来看看吧，怎么也看不出它有什么引人入胜的地方——所有的石头都是死气沉沉的，单调乏味的。

尽管这样，我们还是到矿物博物馆去看一看吧；这个博物馆是在 1935 年从列宁格勒（今圣彼得堡）搬到莫斯科的，人们先在莫斯科造好了新式的大楼，然后把圣彼得堡的陈列品装了 47 节车皮运了来。现在这个博物馆里每年都要增加好几吨石块，都是从苏联各个地方运来的，但这里本来就有一批珍奇的石块，是 200 多年前彼得大帝下令从别处转交给这个博物馆陈列的。

当初，彼得大帝只注意收集稀罕的东西，也就是收集珍品。因为当时各国博物馆的惯例，只收藏稀奇而有价值的东西。

彼得大帝创办的矿物博物馆，是世界上最古老的矿物博物馆之一。罗蒙诺索夫博物馆就在这个建筑里

但是过了不久，天才的罗蒙诺索夫（М.В.Ломоносов）[①]（他一度担任过矿物博物馆馆长）主张矿物博物馆不但应该收集各种珍奇的石块，而且应该把所有能够代表俄国富源的东西都弄些样品来放在陈列室里，这就是说，还应该收集各种矿石、宝石、有用的土壤和天然的颜料，等等。

罗蒙诺索夫请求俄罗斯帝国的每一个城市都收集各种各样的石块送给他。他提醒各城市：这件事情根本不需要多么大的费用，只要善于动员当地的儿童，他们自会到河边、湖边和海边去收集许许多多有趣的东西。

可惜，后来罗蒙诺索夫死了，这个光辉的倡议没有得到响应；现在必须旧话重提，在苏联全国广泛开展这件工作。

尽管罗蒙诺索夫的倡议没有得到响应，但是矿物博物馆在它存在的225年里还是积累了大量的宝藏。每运来一块石头都要加以鉴定，记在大

[①] 米哈伊尔·瓦西里耶维奇·罗蒙诺索夫（1711～1765），是俄国科学家、哲学家。他的研究领域包括化学、物理学、矿物学、历史、艺术、语文学、光学设备等，是一个非常博学的人。由于他在俄国科学史上的诸多贡献，特别是质量守恒定律和对俄罗斯语法的系统编辑，被誉为"俄国科学史上的彼得大帝"。

册子里和小卡片上，石块上也要贴上号码；所以，不论谁想知道某个地方出产哪些矿物，譬如说，沃伦河畔的日托米尔附近、克里木的山里或者莫斯科近郊都有些什么矿产，他只要翻看一下卡片目录就能知道它们的名字，并且在陈列室里看到它们的样品。

我们穿过了文化休憩公园里绿荫的花园，走进了苏联科学院矿物博物馆的豪华的大楼。这个博物馆的大厅所占的面积是 1000 平方米，里面摆着苏联地下各种宝藏的样品，也就是苏联进行建设的原料。

有几个玻璃格子里孤零零地放着好些块黑色无定形的东西。这些东西里有一部分像纯净的铁，另一部分带着一些小黄点，其实也不过是些暗灰色的石块。看，这一大块铁，重 250 千克，它旁边写着"1916 年 10 月 18 日落在西伯利亚的尼古拉 – 乌苏里城附近"。还有一些石块上面也写着它们落下的时间和地点。这间大屋子里的石块都是从天上掉下来的，就是所谓的陨石。这类石块当初都像闪亮的小星星，从不可思议的宇宙太空里朝我们飞来，穿透地球外围的空气落在地面上，有时还陷在地里很深。看，这个陈列橱里就摆的完全是这类黑色的小石块。那都是在 1868 年冬天，像一阵雨似的掉在以前的罗姆仁斯克省的地面上的，那次掉下了差不多十万块。那个陈列橱里的东西更奇怪：都是些铁块。再看下去就是暗色的细灰尘，还有像冰雹那样大的黑色的石块，还有透明得像玻璃的陨石；所有这些本来都不是地球上的东西，它们在离地球很远的地方运动着，后来朝地球掉下来，掉到地面以后，就受水和空气的作用而起变化。

我们接着又看了一些陈列橱，上面都有很清楚的说明，这里的隔板上放的是不同颜色和不同形状的矿物。这些矿物都是天然的颜料，看了就能知道它们真是多种多样：有些像闪亮的金属，会发出金和银的光泽；有些像水那样洁净透明；又有一些有虹的各种色彩，仿佛它们的内部有一种特殊的光源似的。

明媚的阳光透进窗户照射在
许多石块上，使这些石块都闪亮起
来。有些陈列橱里太暗，便开了电
灯，于是，天蓝色的和酒黄色的黄
玉都闪闪发光；黄玉的样子很奇怪，
像是用小刀切过和琢磨过似的；同
时，像水一样透明的海蓝宝石和绿
柱石也都发出光来。我们在这里读
到了许多从没听人说过的名字，每
一个名字旁边还写着发现这种石头
的地名。博物馆的向导员领我们
参观的人到一个陈列橱跟前，讲
解说：

巨大的铁陨石，这两块都是在 1916 年
10 月 18 日掉下来的，它们掉下的地点
相距很远。矿物博物馆藏

我们这个博物馆里的陈列品都陈列得非常别致；我们不想只让你
们看到各种各样的石块，我们还想在这个博物馆里证明给大家看：每
一种石头都是极其多样的，石头也有它自己的生命史。石头的生命史
甚至比生物的生命史更有趣味。

请看这一组石块，它们的形状虽然互不相同，名字却只有一
个——"石英"，但是它们的明亮程度、色泽、形状和发光的情形差得
多么远啊！你们甚至会说，这一块石英跟旁边陈列橱里写着'萤石'
的那一块石头比较相像。你们看不出这块石英跟电灯照着的那个陈列
橱里的闪烁发光的金刚石有什么区别，是不是？现在我就来给你们讲
讲，为什么会有这么多样的石英吧。原来这个橱里的石英，不是按照
种别，而是按照它们在自然界里出现的形状和产生的条件来陈列的。
要知道石头也有它产生的条件。譬如这些石英，是由当年地下深处温

度高到 1000℃以上的熔化物变成的；那些石英当初是溶解在炽热的泉水里面的；还有那些石英，它们在贝壳里闪着亮光，都是很有规则的晶体，那是在地面上当着我们的面生成的。所有这些石英的每一块都有它的一种特殊的面貌，跟其他的石英块没有相似的地方。如果说，通过石英这个例子你们知道了石头产生的条件有多么大的区别，那么，再看那个闪着铅的光泽的陈列橱你们还会明白：各种石头和矿物产生以后的历史也有极大的区别——它们会起变化，会被破坏，仿佛是死去一样。

我们接着来到大厅的另一部分，看到了多种多样的矿物的历史。这里有些很好看的石块，它们都是依照自然规律生成的晶体。其中有些是从地下深处窄小的孔口里生出来，逐渐长成大颗闪亮的晶体的；有些是实验室里用人工的方法培养出来的；还有一些是在工厂的大桶里制得的。看，这些晶体多么奇怪，有的像植物似的分了枝，有的像长而细的针和棉纱似的细线，有的像毛茸茸的棉花团，有的又像普通的玻璃。

这些晶体的旁边还摆着一些不定形的、形状不规则的石块，很像嘴里含过的糖。它们是受到了侵蚀的黄玉和海蓝宝石。不知什么东西把它们溶解了，破坏了，腐蚀了，看来，它们仿佛很快就要消失了。

在一个大的陈列橱的旁边并放着许多根很长的白管子，看上去又像帷幕，又像漏斗里漏下来的东西，又像柱子——原来是从克里木的山洞里开采出来的钟乳石。

看，这排钟乳石是 10 年当中在彼得宫城的地下室里长出来的，那些钟乳石管子是在涅瓦河的基洛夫桥底下长成的——它们怎样在它们出生的地方逐渐长大起来，是人们亲眼看到的。

再看下去是一些小巧玲珑的东西，其中有花束，还有一个大鸟巢，巢里有许多蛋；所有这些东西的外面都包着厚厚的一层石头，这种石头，每年总有一连几个月包在一切浸在温泉里的物体外面。

再往下看就是化石。我们知道，化石在当初都是动物和植物，都在活物质，它们死了以后又过了很长很长的时间才变成了石头。

可见石头也是有它自己的生命史的，不过它的生命很特别，很复杂，很难了解罢了。

我们再到博物馆里的其他地方看看去。

博物馆的墙上到处挂着照片和地图，此外还有山脉、沙漠、矿山等大张的挂图，靠墙的窄橱里陈列着多种多样的石块和矿物。

我们在这里所看到的，都不是用人工方法从自然界里取出来的样品，而是它在自然环境里的原样：它在自然环境里跟其他的石头在一起，它的历史跟自然界的全部生活都有连带关系，跟它面上的土壤也有关系，跟使它起变化的气候也有关系，跟当地的植物以及人和其他动物的生活也都有关系。这些石头的陈列法，正好说明了这些关系。

我们首先看见的是石头生成的种种条件。有一类石头是从炽热的熔化物里产生的：大堆的熔化物像熔岩那样从深不可测的地底下往上升，顺着地下的裂缝钻进地壳，里面还夹带着火热的气体和水蒸气，升上来以后就慢慢冷却而凝成固体，好多种的矿物最初就是这样生成的。

另一类矿物是些从炽热的泉水和温泉里产生的。地球表面上有许多地方都涌出这类温泉，它们慢慢冷却时，就有贵重的重金属矿石或美丽的、纯净的晶体成堆地沉淀出来。所以这一类石头不是在火里产生，而是在水里产生的。

石灰华，上有多孔的海绵状结构，多在温泉地区，由碳酸钙沉积而成

最后，还有一类石头是在地球表面上产生的：有的产在盐湖里，那就是天热的

时候沉在湖底的盐；有的产在山洞里，那就是石灰水逐滴下滴而生成的大小不同的钟乳石柱子；有的产在沼泽里，那就是植物逐渐腐烂而变成的石头。

这里的每一块石头都不是作为一种独立的、跟环境隔绝的东西而陈列的，而是和它周围的物件一道陈列的，也就是摆在它的活生生的自然环境里面的。

这就是石头的整个世界！

石头的历史就在我们中间一步步地向前演进着。只因石头变化得太慢，所以我们也就把它当做自然界里没有生命的部分了。

这里陈列着的东西是石头在自然界里的历史，我们已经都看过了。现在我们去看博物馆的最后两个部分，看看石头到了人的手里就起什么变化，看看人怎样把它利用在农业上和工业上。

我们首先看见的是玻璃工业、陶瓷工业、搪瓷工业和冶金业等经济部门需用的石头。我们在这里看见了人手里的和工厂里用的各种石头的例子。石头在人的现代工业生活上变成了一种全新的东西了。它在人手里比在自然界里死亡得快多。从天体上掉下来的石块也罢，工厂里的石块也罢，不管它在什么地方，它都是在生活着和变化着，生长着和死亡着。所以，矿物学决不是什么死板、乏味的东西，因为这门科学所要寻找和研究的就是石头的生命史的规律。

散射成针状的钠沸石，是在溶岩流的空隙里生成的一种矿物

1.3　到山里去找石头

我们周围的景色很单调，没有石头，到处都是黏土和沙子；即使在河流两岸找到一些石头，那些石头也都没有什么花样，提不起我们的兴趣。

我们要到山里找石头去；山里有的地方有悬崖峭壁和岩屑，有的地方有溪流汹涌地流过石质的河床，有的地方有湖被圈在断崖绝壁和成堆的石块当中，闪着蓝光，我们就到这些地方去走走吧。

我们一群人里，有老的，有小的，都带着锤子、背包、罐头和水壶，高高兴兴地从列宁格勒坐火车出发了。这条铁路叫基洛夫斯克铁路，是通到希比内 [①] 去的；希比内这个地方是个名副其实的矿物"天府之国"，但在不久以前还是一片荒野，是"鸟不惊飞"的地方，经过基洛夫开发以后才繁荣起来的。

希比内是个山地，有 1000 多米高；它的位置是在苏联遥远的西北部，在北极圈里。这里有荒凉的山谷和高达好几百米的断崖，往往令人望而生畏。这里往往夜半还能看见太阳，而耀眼的阳光每年总要一连几个月照射着高山上终年积雪的地方。这里在昏暗的秋夜可以看到奇幻的北极光：它常常像一些发着紫红色的光芒的帷幕垂在北极的森林、湖泊和山脉等的上空。最后，在矿物学家看来，科学上还有一连串的问题集中在这里，因为他们一来到这里，就想起苏联北部那一大片花岗岩地盾 [②] 在遥远的地质年代里如何生成的问题，而这个问题包括许多没有解决的谜，是很能引起人们

---

① 希比内地区位于俄罗斯极北摩尔曼斯克州的科拉半岛。科拉半岛表面有极丰富的矿石及矿物质，包括磷灰石、铝资源、铁矿石、云母、陶瓷原料、钛矿、金云母和蛭石，以及其他稀有的有色金属等。

② 地盾就是在遥远的地质年代里生成的陆地，一译古陆。——译者注

思考的。

这里是一片单调的、索然无味的大自然，这里的悬崖峭壁当中，长满了各种平淡无奇的地衣和苔藓植物，但这里却蕴藏着各种各样的最稀罕的矿物，其中有：血红色的或樱桃色的石头，碧绿的霓石，紫色的萤石，像凝固的血那样暗红的柱星叶石，金黄色的榍石……地球的这一角落是这样地色彩艳丽、光怪陆离，真叫我无法描写。

我们浑身上下都武装了起来（我们带的不是武器，而是进行科学勘探的用具：帐篷、锅、罐头、气压计、锤子、望远镜、凿子等），然后才慢慢离开希比内车站向山里走去。山峰一个接着一个过去，山谷狭窄起来了，但是我们还能隐约看见森林的一边有一条杂草丛生的小路。我们在一条路的上游搭了帐篷，那个地方紧靠着森林地带，周围都是云杉。帐篷里又闷又热，成群的蚊子和虫子包围着我们——我们既然到了苏联的极北地带，夏天就免不了要受蚊虫的袭击。因此，我们得用蚊网护头，还要戴好手套。天大亮了，荒凉而陡峭的山峰上已经在闪烁的红光，可是看看时针——才不过夜里两点钟。

一到白天，变热起来，热得跟在苏联南方完全一样。看上去到处都是一个个矗立的山峰，至于深的山谷，四周却一个也没有；只有往左看，才看见悬崖的顶上像有一个小的裂口，里面存在积雪。

成群的蚊子还在围着我们转；我们这些人分成了三个小队，就在太阳晒得极热的时候，爬到几千米高的山上找石头去了。

我们这个小队费了好大的劲往上爬了

谢尔盖·米罗诺维奇·基洛夫——研究和开发苏联北部科拉半岛天然富源的倡导者和组织者

北极圈里洛沃泽罗湖景色。苏联最美丽的湖泊之一

一整天，战胜了多少悬崖峭壁，踏过了多少碎石坡地，最后才到达山顶。白天山谷的气温是 24℃（在背阴的地方），我们都喘不过气来，而入夜以后山顶上却刮起冷风来，气温只有 4℃。太阳没在地平线下的时间一天至多只有半小时。我们走近山顶上靠北的边缘一看，脚底下简直是一条竖直的墙壁，高 450 米。但是我们看了这个数字还丝毫想象不出这个断崖究竟有多高：在圣彼得堡市内找 20 所高大的房子一所所地叠起来，或者把四个半以撒大教堂博物馆一个个地叠起来，才有这个断崖那么高。这个断崖的下面有一个好大的冰斗，冰斗里有许多昏暗的、发黑的湖泊；白色的大冰块在湖面上漂浮着；巨大的雪块覆盖着一个个悬崖，又从悬崖上垂下来，像吐出舌头似的从悬崖往下爬到冰斗里去，这就是没有形成的冰川。我们的眼睛简直离不开这个景色！忽然，我们发现，在远处明净的天空里出现了五个人影。人影出现在高山的天空里特别清楚，而且显得非常高大，但这我们早已见惯了。很快我们又听到了这几个人的声音。

没有多久，声音和人影都来到了近边，原来我们三个小队差不多在同

一个时间都到达了这个断崖的顶上。但是风里很冷，我们三个小队不能够久站在这个高处多看会儿。于是我们赶快把这个断崖的地形画了下来，很快地绕着崖边看了看陡峭的斜面，又收集了些石块装在袋子里，接着就经过一个狭窄的积雪的小桥往南面的另一个山顶走去，可是遇到了些倒塌下来的大石块，只好停下来，因为石块非常高大，挡住了我们到南面那些山坡的去路，我们实在爬不上去。

没想到我们却在这些石块跟前交了好运：我们在碎石和大石块当中看见了苏联北部还没有发现过的绿色磷灰石！

这是多么有用的富源啊！这是多么了不起的发现啊！要知道，磷灰石是一种非常珍贵的矿物，这样漂亮的、稀奇的矿石值得从这里运出去陈列在世界上的每一个博物馆里。

我们开始往下走了；这里有一个狭窄的山脊，我们当中有一个小队就是从这条路上来的。现在我们又顺着这条路，把绳子挂在悬崖上，抓住绳子慢慢往下溜，溜到一个宽阔的河谷里去。我们看见有些地方有很漂亮的三斜闪石晶体，因为忙于这种观察，我们往下溜的时候就不再那么紧张。可是太阳把一切东西都烤热了，蚊子又出现了，而我们离开露营的地方却还很远。一直到第三天，快到上午十一点的时候，我们才筋疲力尽地走近了我们的帐篷；那里已经有我们的一个留守的队员，脖子上紧紧地缠着一个黑色的网，等着我们了。

最后，我们在舒适的营火旁边歇着，睡眼惺忪地交谈起勘探的感想来。我们把经过的事情回忆了一下，把收集来的材料也审查了一下，大家所感觉苦恼的是：费力不小，而收获不多。留守帐篷的那个伙伴对我们讲了讲白天的事情，他说：他到附近的一个凹地里去散步，走了半小时就发现了一些有趣的矿物。他的这个发现究竟重要不重要，只要到那个凹地里去看一眼立刻就能断定。所以尽管我们很疲乏，又一连几夜没睡好，我们还是在成群的蚊子的包围中，出发去看那些新发现的矿物；在去的路上，有人疲乏得厉害了，就爬着前进。但一到目的地，忽然就精神振作起来，人人都有说不尽的惊讶和喜悦。原来这是一个很大的矿脉，产的是一种非常稀罕的矿物，属于褐夕铈矿一类的。

我们看见了这个矿，就想起了古代萨姆人（也就是洛帕尔人）的传说，说是萨姆人的血滴凝结以后，就变成了"神圣的"雪依特雅芙尔湖岸上的红石块。

希比内地区山地的景色

一个人如果没有收集过矿物或者没有找过矿，他就不会懂得矿物学家的野外工作是怎么回事。这件工作做起来必须全神贯注；发现新的矿床是一件值得庆幸的事，可是要做这件事就要有紧张的注意力，还时常需要有恍惚若有所见的领悟能力；这件事情做起来妙趣横生，有时候好像还要令人坠入浪漫的热恋境界。我们这三个从山上回来的小队谈起一天的感想来是多么兴奋啊！我们争先出示自己找到的矿物，都是因为获得了成果而感到骄傲。

这次的成果鼓舞了每一个人；尽管已经十分疲乏，我们还是一齐进入了一个新的凹地，挨着一个暗灰色的断崖弯下腰去收集石块：这里五光十色的宝石真是遍地都是。

问题已经解决了：我们已经发现了一个蕴藏着好多种稀有矿物的极其富饶的矿床。现在我们可以安安静静地研究一下希比内的矿脉，然后把开

采出来的东西运到希比内
车站去，以便再从那儿深
入山中，多勘探几天了。

这些工作我们一共做
了三天，我们在希比内的
矿脉上出力工作着，把巨
大的石块挪开了，又用笨
重的大锤子把石块打碎，
还用炸药炸开了一个悬

在希比内地区发现的绿色磷灰石

崖。希比内的山地还是第一次听到炸药爆炸的声音；我们工作人员从荒凉
光秃的山谷里小心地运走了好几百块极其珍贵的矿石，这也是第一次。

我们这个矿山勘探队还有许许多多奇怪好玩的故事，我不打算再讲下
去了。在一连 20 多年里，每年春天我们的队伍都要整装出发到希比内苔原
上去，每年也要从那里欢天喜地地带回几千千克的珍奇的矿物和石块来。

一个萨姆人家庭，摄于 1900 年

我们到希比内去的后几年里，跟前几年一样，也要在夏天最热的时候进行工作；那时候蚊子和小虫子总是成群地绕着我们的头飞来飞去，我们就用黑色的细布把头紧紧包住；在那个季节，夜里总是跟白天一样地亮；在那个季节，到处都有融化了的雪水汹涌地奔流着，浪涛似的喧腾着，拦住我们的去路。

我们每年到了深秋才从希比内回来；那时候希比内所有的山顶都已经覆盖了一层初雪；那时候，墨绿的云杉把发黄了的白桦树烘托得特别清楚；那时候，北极地方已经开始那漫长的黑夜，我们常常可以看到一种奇幻的景象：淡紫色的北极光把荒凉的山地景色照得洞明透亮。

"我希望能够通过这几幅图画把大家吸引到苏联北部绝妙的山地里去——到北极圈里去，到科拉半岛希比内苔原的山顶上去。我愿意燃起一把漂流露宿的烈火，

萨姆人用鹿群帮勘探队把从希比内苔原收集到的矿物运到伊曼德拉车站，1923 年

作者在希比内的苔原和荒林里进行两个月的勘探以后回到他在伊曼德拉车站的住所，1923 年

掀起一个科学勘探的热潮，使我们的青年都去努力追求知识。

"让我们的青年一代到严峻的大自然里，在跟险恶的环境进行的斗争里锻炼自己吧；让我们建设的那些矿业研究站都变成科学研究的新中心吧。我希望在我们脚印的后面出现新的脚印，我希望希比内苔原成为我们的旅行中心区，成为一所科学和生活的学校！……"

这两段话我还是在好几年前写的，那时候的希比内苔原还是一片荒野，地下的宝藏还没有人去触动，整片的苔原、荒林和岩石都是人迹罕至的地方。可是现在呢……说起来真像神话：这里蔚蓝的湖畔已经兴起了一座城市——基洛夫斯克，这里已经有了铁路、电报、电话、高压电线、工厂、矿山、普通学校和中等技术学校，而在所有这些东西的高处，在山上，就是那一圈闪光的绿色岩石——磷灰石。原来这里所以会出现各种建设，正是因为这里出产磷灰石。

在北极圈内很远的一处山地里，一个高山湖的岸边，有一个北极高山植物园，还有科学院希比内矿业研究站的一座豪华的建筑物，这个建筑物

北极高山植物园（Arctic-alpine Botanic Garden）是世界上最北的植物园：位于俄罗斯科拉半岛。它地处北极圈内，但花草依然生长茂盛，种有许多珍稀植物

里有实验室、博物馆和图书馆——这都是纪念物，纪念 30 年前我们勘探队背着袋子走过一片片沼地和荒林前来征服希比内的工作的。

1.4 在马格尼特那的矿山上

我老早就想去看看由磁石生成的山[①][1]，去参观一下苏联新兴的大的钢铁都市——马格尼托哥尔斯克[②][2]。最后，有了时间了；我上了一架小飞机，一清早就从斯维尔德洛夫斯克起飞。

我们顺着乌拉尔山脉往南飞，忽而从黑云下面很快地向前冲，忽而又平平稳稳地升到大片云层上面；我们隔着云层往下看，隐隐约约看见了这个大山脉的高处有些地方有黑色的矿脉。我们很快就飞过了车里雅宾斯克，看见了这个城市里漂亮的建筑物；后来，我们从锯齿形的亚历山德罗夫斯克山和尤尔马的右边飞了过去，这时候地面上所有的东西又都被零乱的卷云遮住了。

忽然驾驶员把我叫到驾驶舱的小窗户旁边，指指罗盘——指针在颤动着往两边摆，很不稳定。我懂得，这是因为飞机的下方有巨大的磁石的缘故。我心里想，"我们现在大概就在马格尼特山的上空吧"，可是还没想完，飞机忽然来了个大转弯，接着就笔直地往下降，一下子云彩都不见了——我们的前面、脚下和周围出现了一幅新的图画：原来我们现在已经飞到马格尼托哥尔斯克的鼓风炉烟囱的上空。我们像看平面图似的，把分布在 70 平方千米以内的所有巨大的建筑物都收到了眼底。这块面积的西面是乌拉尔河，河水闪着亮光，弯曲得像一条蛇。到处都是铁路线、普通火车、电动火车和

---

① "马格尼特"俄文意思是"磁铁"，磁石生成的山就是指马格尼特山。——译者注

② 马格尼托哥尔斯克的意思就是马格尼特城。——译者注

汽车，所有这些东西从飞机上看到像玩具一样。

飞机的速度减低了，它从西面慢慢地绕过了工厂，然后朝东一直飞上了马格尼特那亚山。这个山原来是这个样子啊！我看了有点失望：许多平坦的小山丘，上面没有森林，而只有些像田垄那样的东西；到处都是铁路线和机车冒出的烟。我想，"这没有什么了不起"；可是飞机已经飞得越来越低，把马格尼特那亚山抛在后面了。不知什么时候飞机已经在美丽的羽茅草草原上滑行着，我们已经到达目的地了。

为了争取时间，我们刚下了飞机就上汽车。我们什么都想看看：先看矿山，再看碎矿厂和选矿厂；然后看鼓风炉，看熔融的铸铁和生成的矿渣；最后看巨大的平炉和轧钢车间，看生铁怎样在平炉里变成钢，钢锭怎样在巨大的初轧机的强有力的抓手①里变成最初的粗制品。我们在这里还要参观一下新的发电站，它未来的发电量将仅次于第聂伯水电站；我们还要看看炼制焦炭的炉子，看看炼焦的时候提炼出种种宝贵气体的炉子；我们又要到规模巨大的造砖厂和耐火黏土厂去看看；最后，还要去看看石灰石、白云石、沙子和其他建筑用的石材的开采面。

建筑工程师把所有的辅助车间都数给我们听了，这时候，我才懂得：对于每年开采的每一吨矿石，必须加上一吨的其他辅助材料；这些材料不但是鼓风炉里所需要的炉料，而且还有做炉衬、修路和建筑等的材料。大钢铁厂馋得很，它在工作的过程中不单是吃一种矿物——铁矿石和铁矿石的同伴——煤，它还要吃好几十种其他的矿物，其中有锰矿石、铬矿石、菱镁矿、白云石、石灰石、高岭土、耐火力很强的黏土、石英沙、石膏和许许多多其他的东西。

我们首先要去看的是矿山，但是坐汽车去是不行的：几十条铁路线一重

---

① 抓手是初轧机上的一种设备。——译者注

一重地挡着我们的去路，我们只能徒步走上倾斜的马格尼特山。这个山被螺旋形和环形的铁路密密地箍着；从这里的联合工厂全部开工的那时候起，每天都有几十列电动火车开来装走成千吨的矿石。拿开采量来说，第二次世界大战前的 300 个乌拉尔矿坑加起来也抵不过今天的一个马格尼特山！

我们慢慢踏着山地的台阶往上走，一步步地走上了阿塔赤主峰；我从老远就看见马格尼特山的许多著名的工作面像金属那样闪着亮光。这里出产的磁铁矿不但纯净，而且还露出在地面上，可以进行露天开采。

这里的磁铁矿最初是在 1742 年发现的；但是差不多过了 200 年，这些无尽藏的富源才变成了苏联大规模建设的原料；乌拉尔南部本来是些寂静的、芳香的羽茅草草原，可是只有两三年的工夫，由于富源得到开发，这片地方就改变了面貌；这里已经有了伟大的建设，已经建成了巨大的钢铁工厂。

我们很快就走进了整片磁铁矿的世界；这里不能戴表；表里的细针是钢制的，遇到磁铁矿就会磁化，而走不准。这里有些地方，有些有磁性的石块能把小的铁矿石和矿屑成串地吸在一起；还有些磁化得更厉害的矿块，能吊得起铁钉子，甚至吊得起你随身携带的小刀。

整片的磁铁矿显出钢灰色的光泽，看着非常晃眼。这种矿偶尔也生成黑色的晶体颗粒，有时候也夹带着其他暗黑色的矿物。你在意大利厄尔巴岛上的著名的磁铁矿矿坑里可以看到多种多样的磁铁矿晶粒，但在这里你却找不到那么多种多样的晶粒，因为这里的矿是致密的、纯净的。

这里单调的磁铁矿，我们很快就看腻了；我们开始注意磁铁矿产生以后所经历的一连串变化，寻找它氧化以后所变成的各种赤铁矿。赤铁矿青蓝的色调在有些地方出现了。颜色鲜艳的各种黏土，随处出现的暗红色石榴石颗粒，绿色的绿帘石，鲜艳的绿高岭石——这一切都在我们的面前显露出来，告诉我们磁铁矿生成的秘密。

我们更加仔细地看下去，就看见有些地方的黄铁矿显出金黄色的光泽；

我们又看见水流过以后留下的绿色的痕迹，这是铜的痕迹，我们又观察到一些伴生矿物，证明我们所看到的矿石里含有微量的磷和硫。

于是我们逐渐懂得了：这里 3.25 万吨的铁矿是怎样在地下深处熔化的岩浆里生成的。这里的铁矿起初怎样侵入了古代乌拉尔的石灰岩，因而为这个世界上产铁最著名的矿山之一打下了基础。

现在我们必须躲开这块地方，因为人们用一种特殊的钻机在这里挖了几百个爆破孔，埋进了炸药，眼看这里就要发生爆炸了。不久，炸药果然爆炸，跟着尘土猛烈地飞扬起来；只有少数地方的石头被炸得飞到高空里，活像闪着各种颜色的烟火。

磁铁矿炸成一堆闪亮的碎块了；挖掘机张开大嘴接近了这堆碎块，一下子就差不多把四吨的矿石吃了进去，然后把它平平稳稳地装在能够自动翻转的车皮上。

这种机械化的大铲子，这里有四个，一昼夜装上车皮的矿石有好几千吨，可是机械工人只有三班，一共才八个人！

大自然把这一个地方就埋下了这么多的宝藏，苏联人民又运用智慧和技术把这些宝藏开了出来——这两件事情都值得惊奇，但是我分不出其中是哪一件事更值得惊奇！

跟我同来参观的同志们先离开了这里，去看这个工厂的其他部分——鼓风炉、轧钢机和各个厂；我是学矿物的，所以就一个人留在矿石旁边。

我心里想：苏联的矿物、乌拉尔的宝藏和矿工的毅力都是值得骄傲的，但是为什么从来没有一个矿物学家

马格尼特山的磁铁矿；这种矿石有磁性，能够吸住曲铁曲别针

把这些事情描述一番呢？苏联岩石学家扎瓦里茨基（А.Н.Заварицкий）院士早在这里做过辉煌的地质研究工作，按说矿物学家跟着就应该带着放大镜在这里住下来，研究这些发亮的废石堆和矿堆，以便搞清楚这里岩石的性质和构造，并给这里岩石的构造详详细细地做一番化学分析和矿物学分析——但为什么一个矿物学家也不这样做呢？这到底是什么缘故呢？

傍晚了，羽茅草草原在秋天日落的时候闪闪发光，停在飞机场上的那架飞机——铝合金制的银燕显出了玫瑰色，机场来了电话，催我们赶快回去上飞机，我这才离开了矿山。

1.5 山洞里的石头

还有什么东西比山洞更有趣、更能引人入胜呢？狭窄的洞口弯弯曲曲的，里面又黑又潮；点着蜡烛进去，蜡烛的火焰不断地颤动着，眼睛得过好大一会儿才能渐渐地习惯下来。洞很深，洞里的路还有分岔：忽而像大厅那样宽敞，忽而笔直地低下去，忽而出现无底的深渊，忽而又变成狭窄的孔道。不论是用绳子、链子或者绳梯子也测不出山洞究竟有多深，摸不清楚地下那些曲曲折折的道路到哪里才是尽头。我小时候到克里木山洞里去玩的情形，到现在还记得清楚；山洞里的蝙蝠嘶嘶地飞着，水一滴滴地掉下来像有节奏似的响着，脚底下的石块也常常会掉下去发出轰隆的响声；碎石块滚滚地往下掉，不知掉在多深的地方，半天还在响，接着远处又有水的飞溅声——那里的湖泊，有地下的河流，还有瀑布。为了分清地下深处所有这些响声，我就仔细地听。但是山洞里特别值得惊异的一点是，其中有的地方装饰得很漂亮，有的地方还很奢华：有些地方有精致的花纹；有些地方有高大的柱子，像新栽的树林那样整齐；又有些地方从上面垂下了好些像柱子、花环和帷幕似的东西。洞壁上到处都是沉积出来的白色、黄色和红色的矿物；这些矿物的稀奇古怪的形状，不由得使人想入非非，因为它很神秘，像是僵化了的巨人像，又像是蜥蜴一类大动物的骨头。洞壁上最常见的是碳酸钙——方解石，这是一种全透明的

钟乳石的横断面。由图可以看出，碳酸钙是围绕中心管一层层地沉积出来的。很像树干的横断面

或者隐约透明的矿物，是从洞壁里渗出的水滴里面逐渐生成的沉淀。这样的水滴，一滴接着一滴在洞顶上和洞壁上流过，每一滴都在它流过的地方留下一点点方解石的沉淀。这种沉淀在洞顶上积累起来，就逐渐形成一小块凸出的东西，再积累下去就成了一个乳头，后来又长成一根完整的管子。这样的管子最初是空心的。但是，水还在一滴滴地往下滴，使管子越伸越长，终于变成了好几米长的细枝条。从洞顶上下垂的这种细枝条多得像整片的树林一样；同时，它们下方那些折断掉下的管子上面，就都盖有一丛丛由白色的泉华[①]慢慢堆成的奇形怪状的东西。从洞顶往下长的叫做钟乳石[②]，从洞里地面往上长的叫做石笋；钟乳石和石笋越长越近，最后就连起来变成巨大的帷幕、粗大的石柱或者密接的花环。所有这些东西都不一样：在有些地方像是石化了的瀑布；在另一些地方像是新栽的小树林；再换一些地方又像是非常多样而又多彩的花圃。碳酸钙晶体的形态多得很，很难把所有的形态都说出来，因此，每一个有碳酸钙沉积物的山洞都有它自己的特点。那么，一个青年矿物学家来到这样的山洞里，会觉得处处都很奇怪，会越看越不明白，也就没有什么稀奇的了。地下水慢慢地渗透到岩石

① 泉华是天然水里的沉淀堆积起来形成的东西。——译者注
② 钟乳石还常常围着圆柱形的管子生长，先从下方长起，这一点是很有趣的。

石灰岩

钟乳石

石笋

沉积物

石灰岩

山洞里的钟乳石由上往下长，石笋由下往上长，最后长成了石柱

的裂缝里去，山洞里装饰的样子就由这些地下水的活动来决定，这一点我们十分明白；但是，某一个地方的石灰岩怎样溶解在地下水里，地下水流到另一个地方又怎样使其中所溶解的物质沉淀出来——这些复杂的过程我们就不见得都懂了。有时候我们能够亲眼看到碳酸钙沉淀得越来越多，例如：彼得宫城的地下室里有许多雪白的大钟乳石，都高达 1 米，是在 10 年当中长成的。列宁格勒基洛夫桥底下，每年都从石灰水里长出许多小巧玲珑的钟乳石柱子；沉重的电车从基洛夫桥上朝着基洛夫大街往下走的时候，这些柱子就都颤动起来。可是，碳酸钙从石灰水里沉淀出来的作用，在城市里虽然有时候进行得非常快，在大自然里却需要极小的石灰水滴有节奏似的往下一连滴个几千年甚至几万年，最后山洞的底上才会生成一些粗大的碳酸钙柱子。

但是，如果以为山洞里的矿物只有碳酸钙一种，那就错了。中亚有一个著名的大重晶石山洞，深达 60 米。这个洞里有两种矿物：方解石和沉重的重晶石，它们掺杂着分布在洞壁的面上。这个山洞很大，重晶石覆盖在洞壁上的形态，处处不同：有的连成串，有的像房檐，有的又是发亮的大颗晶体。用电石气灯一照，就能看到有些地方的重晶石在洞壁上形成了巨

大的堆积物，看去足有几十吨重。这个洞里有一块地方的重晶石分布得非常奇特，我们已把这块地方做"禁采区"。这样的地方在世界上任何其他山洞里都是没有的。

沉积着岩盐的山洞也非常有趣。这种山洞很大，里面很宽敞，非常容易受到水的冲洗，也非常容易从水里沉积出好看的生成物；绝大多数生成物的形状也是细小的管子和帷幕，正像由方解石生成的那样。

但是，有时候，岩盐的结晶作用进行得很慢，很平静，那样的话，水溶液里就会生出玻璃那样透明的立方体的盐晶体，在洞壁的面上闪闪发光；水溶液里也可能生成一个个大的岩盐块，形状特别有规则，是真正理想的立方体，每边长一米或一米多，而且跟水一样透明。

墨西哥的一个山洞里就有类似这样的巨大晶体，但是那些晶体不是岩盐而是石膏，形状也不是方的而是像三四米长的长矛和粗针。这个山洞里有些地方的石膏沉积物成簇地聚在一起，或者像一片片树林似的聚在一起；这些沉积物又大又透明，仿佛是某些古代的巨人用过的玻璃武器。石膏在山洞里也会生成其他的形状：或者像雪白的花朵，或者像毛茸茸的苔藓植物，或者像柔软透明的绒毛。

但是，山洞里的生成物还不止上述的那些形状：只

1906年出版的《基础化学》中记录的钟乳石

要到乌拉尔西部山坡著名的孔古尔山洞去参观一次，你就会在这个不可思议的地下城市里看到一种非常奇特的景象，白色的冰块般的石膏闪烁发光，射出种种奇幻的颜色。我去过这个石膏的山洞，首先看到的几个敞厅装点着许多六瓣的花朵，大小像手掌，形态像冰；我在这里所得到的光辉夺目的印象，真很难用言语形容。跟孔古尔山洞里一片晃眼的白色相反，我又想起了绍林吉亚的一些山洞里的蓝绿色和红色。在那里的一些大山洞里一捺手电筒，黑色的洞壁上好多种极其稀有的矿物（主要是磷酸盐）的泉华就闪射出种种鲜艳的颜色；这些洞本是被人遗弃了300多年的古老的矿坑，现在却变成了神话般美丽的钟乳石山洞，吸引了成千上万的人前去游览。

北美洲有几个山洞特别大：其中有一处地下通路和敞厅绵延四十几千米，还有一个特别宽敞高大的地方，连100多米高的以撒大教堂博物馆都容纳得下。

关于各种各样山洞里的种种珍奇的矿物，要讲的话还可以讲许多。

山洞在矿物学里还没有人叙述过，因此，如果每一个青年观察者能够把山洞里的沉积物研究清楚，把各种奇形怪状的沉积物画出图来，再详细地说明一番，那他就会对科学做出很大的贡献。但是，他到山洞里去观察，同时应该注意保护山洞。有些不懂事的观察者把山洞糟蹋得很厉害——他们折断了美丽的钟乳石，又在一些地方题字，结果山洞的美观减了色，也失去了科学的价值，这样就使山洞受到无可弥补的损失；这种情形多得很，是应该避免的。

1.6 湖底、沼泽底和海底的石头

不要以为石头只有在山里、采石场里和矿山里才有，而在湖、沼和海洋的底上就没有。如果说，只有形成整个悬崖或者山脉的那种坚硬而又成片的石头才可以叫做矿物，那么我们在湖泊、沼泽和海洋的底上就可能找不到那样的石头。但是，如果把非生物界的每一个组成部分都叫做矿物或者矿物的生成物——不管这些组成部分生成的条件是多么不同，连在湖底或沼底生成的也算进去，那么矿物学家也就可能从湖泊、沼泽和海洋的底部找到非常多的收集品。我记得，有一次我坐火车，驶过莫斯科的近郊。忽然看见沼泽地里挖了许多沟，挖过的地方都成了蓝色地带；鲜蓝色的土壤随着工人的铲子扬了起来，沟的周围也都闪烁发蓝。火车刚到下一站我就差不多倒栽葱似的飞下了车，顺着铁路线急忙往回跑，去看那种稀罕的矿物。到了沼泽地上，原来这里几乎都是植物；死掉的植物像是铺着的一条褐色的毡子，这就是我们所说的泥炭，泥炭当中层次分明地夹着一层蓝色土壤，土壤里还有蓝色的石块，后来我回家的时候把这种石块带走了不少；我查了书才知道这种矿物叫做蓝铁矿，成分是磷酸铁，是动植物的机体腐烂的时候生成的。沼泽地里的生物随时都在死去，也随时在生成泥炭和蓝铁矿，这两种东西生成的经过是我们看得到的。有时候它们堆聚得相当多，结果大量的泥炭就变成了我们宝贵的燃料，蓝铁矿也可以用作蓝色的颜料或肥料。

我们不但可以在沼泽地里亲眼看到矿物的生长。每年春天涨水的时候，总有大量的水流到湖泊和海洋里去；这些黄褐色的水流里除了成堆的灰褐色有机物以外，还夹带着好多的铁和其他的金属。冲走了的所有这些物质都慢慢地沉到湖底，正像玻璃杯里的水垢逐渐沉底那样；沉在湖底的这些东西显黑褐色，不但覆盖了水底的石块和岩石，而且包住了水里植物的残体和沙粒。这种沙粒在湖岸附近滚来滚去，包在它们外面的这层黑褐色的东西也就越来越厚；结果，一个小小的黑点在几百年中就会长成豌豆粒那样大，这种颗粒在卡累里阿北部湖泊的底上分布得很多。这种含铁的沉积物，仗着微生物的作用慢慢地越聚越多，于是起初溶解在春水里的微量的铁，后来就逐渐堆聚成了价值极大的铁矿层。

沉积在地下深处——海洋底部的这种铁的沉积物就更加奇特，譬如芬兰湾和白海，尤其是北冰洋，都有这样的沉积物。苏联的渔船把捞网这种特殊的工具沉到海底深处，有时候能够捞到像手掌那样大的铁的沉积物（所谓"结核"或者"结核体"）。这样的沉积物通常都是很扁很平的，它们常常分布在各种小石块和岩石碎屑的周围。它们通常在海底分布得很密，有的样子像褐色的小铜币，有的又像烧饼，所以苏联的研究家说：苏联北部海洋的底部是世界上最奇特的铁矿山。

近年来，科学家非常注意研究大洋的底部。根据他们的研究，在海底生成的矿物是极其多样的；这些矿物有的沉在淤泥里，也就是稠厚的泥浆里，有的沉在海底比较硬实的地方。沉在海底的东西有贝类的碎壳和其他各种动物的骨骼，这样，有机体的残体就在一片漆黑的海洋深处生成了种种奇异的石头。有些石头堆聚在鱼类成群死亡的地方，也就是海洋的寒流和暖流相遇的地方；有些石头是由白色贝类的碎壳堆聚而成的；又有些石头本来是放射虫身上的棘针，放射虫一死，这些娇嫩的棘针就堆聚成石头。这种造石的工作在海底昏暗而寂静的环境里缓慢进行着，死掉的动植物体就变成了新的石头，使地球上出现许多种新的、没有生命的生成物。

1.7　到沙漠找石头去

城市里声音嘈杂，我们都住腻了；我们想到远一些的地方去把城市里的印象忘掉，我们想到荒凉僻静的沙漠上去住几个月，以便在大自然的怀抱里看看沙漠地的矿物，研究一下沙漠的生命和沙漠生成的规律。

为了去沙漠，我们做了很长时间的准备工作，最后，我们从土库曼的盖奥克 - 捷佩姆村出发到著名的卡拉库姆沙漠去了。

荒凉的卡拉库姆沙漠

　　我们走了几个钟头就开始进入沙漠。流动的沙子拖着细长的沙嘴，嵌在人工灌溉的小麦田里；通过灌溉渠流来的都是浑水；这里沙漠下面的深处有隧道一直通到伊朗的地下，这些隧道从土壤的深处吸来了富有生命力的水分，又把这些水分带到沙漠地的边界上去。

　　我们在沙漠的环境里度过了不少的日子。我们的队伍从从容容地每小时约走 3.5 千米。一头骆驼高傲地扬着头走到我们前面，它善于认路，它领着我们走的这条小路早有许多人走过，因为这是从伊朗到花剌子模^①的通路，在历史上是很著名的。我们骑在马上，跟着向导员鱼贯前进；向导员本来可以骑骆驼，但是每头骆驼差不多都已经驮了 200 千克贵重的货物，为了不再加重骆驼的负担，向导员就徒步前进。

　　白天耀眼的阳光把人晒得很热，夜里却是冰冷冰冷的。白天的沙子让太阳晒热到 30℃，而夜里的气温却是 –8℃ – –7℃。忽而是刺骨的寒风，忽而是凛冽的暴雪，忽而是和煦的艳阳，忽而又是炎炎的烈日——我们在沙漠地的第一个星期里曾经经历了好多次这样的变化。这就是沙漠的气候，一冷一热可以差得这样悬殊。我们好不容易才适应了这样的环境；白天走

———————————
① 中亚地区古国，位于今乌兹别克斯坦和土库曼斯坦两国土地上。

了30千米的路，歇下来都很疲乏，就长时间地坐在营火旁边取暖，夜间睡在冰冷的帐篷里。倒也不用担心没有柴烧，因为我们所走的地方仿佛是一片美丽的森林，那些树都是中亚特有的盐木和沙木，所以干柴很多，随时都有，有一次我们烤火还险些引起了沙漠里的"森林失火"！

沙漠有时变成长长的斜坡，有时变成一个个山丘的驼峰，只有少数地方才形成散碎的山脊和新月形的沙丘；灰黄色的沙地像一条条带子和一座座山头那样横断了我们的去路，连骆驼和马都费了很大的劲才越过这些地方。沙子的颗粒越往北越大，而且颜色是黑的，这样黑的沙粒，我们在任何其他地方都没有看见过。这些沙漠名做"卡拉库姆"①①——"黑沙"——可能就是因为这个缘故。我们的向导员说，"卡拉库姆"的意思翻译出来是"可怕的沙子"，这种解释显然也是很正确的。我们偶尔也遇到比较小的平坦的秃干地和盐沙地，这两种地方有时候长达好几千米。秃干地的地面上是一片红色的黏土质的东西，这种东西非常硬，马蹄走在上面会发响声；盐沙地就很软很黏，像是盐沼地。有些秃干地有井，那些地方对于我们特别重要，因为我们在沙漠里旅行是完全仗着那些井来生活的。

我们继续往前走，走到第十天，才在一处沙坡的顶上看见了一些新东西。在沙的海洋当中，远在地平线上，突起着一些尖顶的山岳和悬崖。这些尖顶像是由密集的沙浪生成的；我们早已失去了判断大小的能力，所以在我们看来，它们好像都大得很。在这些尖顶后面更远的地方仿佛还有一条沙带，用望远镜可以勉强看出来；这条沙带就是外温古兹高原的边缘，神秘的温古兹，我们现在要去的地方，就在它前面。

我们越过了难走的沙地又走了30千米，直到黄昏以后很久，太阳已经

---

① 卡拉库姆沙漠，位于今土库曼斯坦共和国境内，面积约35万平方千米。其西面是里海、北面是咸海、东北面是克孜勒库姆沙漠、东南面是阿姆河。沙漠上人口稀少，平均每6.5平方千米才有一个人。

落到了地平线以下，我们才到达一大片盐沙地；这个地方的周围隆起着黄沙的小丘陵，当中是契麦尔利沙丘，非常陡峭，看着可怕，仿佛没有办法可以上去似的。这个沙丘的脚上有被风吹成的很好看的悬崖，在盐沙地本身的地面上，还隐隐约约可以看见土库曼人在靠近沙地的地方挖成的一些洞穴，那是他们为了开采非常需要的磨石而挖掘的。

第二天早晨太阳刚一出来，我们就朝契麦尔利出发。我们急着想看看在那无边无际的沙地里有些什么样的石头，于是就踏着一堆堆碎石屑从四面八方往契麦尔利顶上爬。沙石块闪出种种鲜艳的颜色，燧石也仿佛受到沙漠地火热的影响而显出不同的颜色——这些石块大量地布满了契麦尔利的斜坡。从陡峭的悬崖往上走，是一个平坦而且柔软的小山顶，整个山顶差不多都是很好的硫黄矿石生成的。我们看到了这个富源十分满意，就高高兴兴地拣了好几块矿石，同时也就越来越相信，卡拉库姆沙漠产硫黄的传说并不是无稽之谈，硫黄的确是土库曼的极大的富源。

在契麦尔利丘的顶上散碎的沙地里还有一些鲜黄色的硫矿巢。这里又有许多早已挖下的洞穴，这就证明人们爬到这个山顶上来开采硫黄已经不止一次了。硫黄矿体的面上有一层石膏和燧石的外壳，这层壳很特别，当时我就研究起来，想搞清楚这里的宝藏的性质以及它们的成因；同时，跟我一同来勘探的人就动手测量我们周围的地形，画成了一幅平面图。

从这个山顶上不论往哪一方面看去，除了沙丘还是沙丘，有些沙丘当中还有大片黑色平坦的盐沙地，远一些的地方又有一块块浅红色的秃干地，散碎流动的鲜黄色沙粒围在秃干地的四周，像是给秃干地镶了花边。我们的周围像法国中部的火山似的，又像月亮上的环形山似的，有好几十个孤立着的尖顶小丘，其中有些是小小的"火山"圆锥体，另一些是险峻的断崖。再往北往东，看看远一些的地方，又可以清楚看见一群群新的沙丘，我们早已知道，这些沙丘中有些叫做金格利，是产很稀奇的"皂石"[1]的；还有一些叫做托普－秋尔巴，差不多跟著名的希赫人[2]并连在一起了。

我们收集了大量的矿石，这就是这一天给我们带来的安慰；我们的朋友土库曼人很有兴趣地帮着把收集品运到我们的帐篷里来，还帮着我们把这些收集品整整齐齐地包装好。

但我们的路还远得很，要一直走到卡拉库姆的中心才算到达目的地。一路上我们看见了一些炉灶和各种住宿设备的痕迹，这就证明：为了掌握这里的富源——硫黄，早已有人一再来过这里了。一片雪白的沙子围着一个小山丘，山丘的顶上有一个巨大的开采面，里面鲜黄色的硫黄闪烁发亮，是近乎纯净的。从这个山丘的大小来看，我们估计它所蕴藏的这种贵重的矿物足有好几十万吨。这个开采面的裂缝里点缀着大粒的琥珀色的硫黄晶体，山丘顶上有一层燧石和石膏的厚壳掩盖着。我们离开这个山丘的时候再一次欣赏了远处外翁古兹高原的沙砾地带，看了看那里被狂风刮成的许多巨大的低凹地；然后，我们同殷勤好客的希赫人在营火旁边举行了最后一次晚会，听了住在远处的这族人民的许多故事，才知道，他们从前寻找合用的水井是一件多么困苦的事情。

这就是 1925 年我们第一次到卡拉库姆去勘探的经过，后来我们又进行了第二次和第三次的勘探。现在，卡拉库姆沙漠里已经有许多硫黄工厂在顺利地进行

土库曼人用骆驼运送货物

---

① 皂石是滑石的一种。——译者注
② 希赫人是土库曼的一个民族。——译者注

着生产，科学站和气象台、诊疗所和学校纷纷设立了起来；到那里去旅行也不必再骑骆驼，那里已经有定期的汽车和航班了。

1.8 耕地和田野里的石头

如果我们在大湖和大海的底部都找到石头，那么，矿物学家在耕地里和田野里就不见得能找到有趣的石头了吧。耕地和田野里的石头在人看来只是一种障碍物，所以，每当集体农庄庄员在耕耘的时候碰到了岩石的碎块或者大圆石块，他总要把这些东西移到两块田地的当中堆成堆，有时候也运回去给房屋和板棚做基石。但是，犁和耙所耕耘的土壤也是由石头变成的，土壤的本身也是非生物界的极其有趣而又极其复杂的一部分。

如果你旅行过的地方很多，又善于在旅行中进行观察，那么可能你已经看出，土壤决不是到处一样的。土壤在形状方面和颜色方面都相差极大；河岸上的土壤有时候就层次分明，像是一个光怪陆离的杂色画面。

我小的时候从俄国的北部往南到希腊做过一次非常有趣的旅行；现在我还记得，那次旅行中我所看到的种种景物和颜色是怎样千变万化。乌克兰的南部草原是黑土，而克里木和敖德萨的土壤就比较发褐。后来往南穿过博斯普鲁斯海峡两岸青翠碧绿的地带，来到伊斯坦布尔附近，又看见了栗红的色调。等到我们的轮船开到希腊靠了岸，我又看见白色的石灰岩把地面上鲜红色的土壤烘托得非常清楚，这个景色给了我很深的印象。

在以前，土壤的颜色是没有人注意的。一般的看法是，土壤只是地球表面上的浮土而已。后来著名的俄国土壤学家道库恰耶夫（В.В.Докучазев）教授第一个注意到了土壤，他开始研究土壤的构造、成分和成因。请到苏联科学院里漂亮的土壤博物馆看看，装在一个个大箱子里的土壤是跟分布在自然界里的土壤一样分了层次的。假如把它从上到下竖着切开，你就很容易看出：土壤是非常多样的，是很难用肉眼来辨别清楚的。土壤里有极其多样的细小的矿物颗粒，那种颗粒之小不但肉眼看不出来，连用放大镜或者显微镜都不容易看清楚。但是那些颗粒毕竟还是矿物，无非它们的命运很特殊，这是因为土壤的本身有它自己特殊的一段生命史。

土壤是由各式各样的石块和岩石变成的。参加这个变化的有阳光和雨水：太阳发出的热可以使岩石崩毁；落下来的雨点里溶解有含有空气里的二氧化碳和少量的五氧化二氮，也能使石头破坏。还有，空气里含有氧气和二氧化碳，这些气体都能使石头碎裂。北极地方太冷，所以土壤生成得很慢；而往南到了炽热的沙漠地里，白天的地表面热得厉害，连水的温度都高达80℃，把鸡蛋放在这样的水里都能煮熟，所以矿物的破坏作用也就进行得非常快，而热风把生成的极细小的颗粒一刮走，当地就只剩下一片沙子。可是在中纬度地方，特别是靠近热带的地方，土壤却生成得很厚，那种厚度决不止一二米，有时候可以厚到几十甚至几百米。

不要以为土壤仅仅是岩石破坏以后所生成的那种细小的物质；不是的，土壤是比那种物质复杂得多的物体，因为土壤既受昼夜温度变化的影响，又受冬夏季节变化的影响；好多种植物和动物又都在土壤里生出来，最后也常常在土壤里死掉，因此，把土壤跟依靠土壤生存的生物割裂开来看是不对的。实际上，土壤的本身就像是一种活东西：从最小的微生物起，好多种活的有机体都在土壤里面进行活动。一克的土壤只不过一小撮，然而里面含有几十万微小的活的有机体；土壤里活的有机体的数量随着土壤深度的增大而急速地减少，在深过1米的地方，土壤里已经没有什么活的有机体了。大批的动物，例如啮齿类、鼹鼠、蚂蚁、甲虫和毒蜘蛛，甚至一些蜗牛，都在土壤里进行活动，有时候还把土壤吃下去，使土壤通过它们的身体再回到地里。我们知道，在每一公顷的地里，每年总有20-25吨的土壤通过蚯蚓的消化器。马达加斯加岛上有一种巨大的吃土的蠕虫，叫做食土虫，它们每年要吃下几十亿立方米的土壤，也就是好几立方千米的土壤。

既然这些蠕虫能吃土壤，那么含在土壤里的矿物当然会在它们的体内发生极大的、复杂的变化。

有些地方的蚂蚁能够在 100 年内把当地土壤的表层完全翻腾一遍，至于热带地方的白蚁所进行的巨大的工作就更不用说了。树根、其他植物的根、秋天的落叶、干枯的茎——你知道所有这些东西的生活和变化也都直接在土壤里进行，依靠土壤，同时也成全了土壤。

可见土壤的生命史是很特殊的，这部分非生物界的化学变化跟有机体的生活，是这么错综在一起，以致我们根本不可能把土壤跟活的有机体分开。

我们矿物学家也并不想硬把自然界划分成几个部分，再把自然界里的现象分别限定在几个圈子里来研究。在我们看来，整个自然界是各种力量错综在一起的一个非常复杂的整体，其中也包括人本身的生活和活动；我们认为，没有生命的矿物只是地球里进行着的种种永恒变化的一部分，而且是暂时的一部分。

1.9　在宝石橱窗前面

不瞒大家说，我有一种脾气，就是喜欢站在宝石橱窗前面往里看。我一看见漂亮的宝石在电灯光的照耀下显出五光十色，就忘记了那些宝石所代表的虚荣和奢侈，也不再想到一颗光亮的宝石有时候需要多大的代价了。宝石的历史往往跟多少人的欢欣、悲痛甚至犯罪有连带关系——这一点我也不去想。我所想的只是过去已久的时代；宝石的一段段历史仿佛在接二连三地在我面前闪过，给我揭露了地球的最大秘密。

看这个橱窗，这些项链上有些经过琢磨的钻石在闪烁发光，多么漂亮：它们像清澈透明的水滴，但又发出光怪陆离的彩色；这是炎热的印度、非南非洲金伯利的金刚石管状体，这里的金刚石是在地下 350 米的深处开采的。

洲的沙漠和巴西的热带丛林里所产的宝石，看起来是稍带寒意的。

　　我眼睛看着这个橱窗，心里就想着南非洲的金刚石产地，那些巨大的、深不可测的、充满着黑色岩石的管状体。凯弗人[①]在那里进行着奴隶式的劳动，他们把地下深处的石头开出来，再装在几千辆小吊车里用钢索往地面上运；到了地面上，这些石块就卸下来另行装车，经过大旷野送到大工厂里。工厂把石块放在大桶里进行精选：用复杂的冲洗机洗干净，再用涂油的传送带送走，在颤动的传送带上，选出来的金刚石在闪烁发光。而传送带周围呢，是非洲南部毒热的太阳，疲惫不堪的工人的黑影，还有金刚石公司的华丽的建筑物。在建筑物里面，许多大桌子上蒙着桌布，闪亮的金刚石分成了好几百种，分别放成了堆：有些堆是纯净的大粒晶体，是预备琢磨的；有些堆是黄色的、玫瑰色的和绿色的；最后，还有切玻的金刚石、镶边的金刚石和金刚石的各种双晶等。

———————————

① 凯弗人是南非洲的一个民族。——译者注

这里到处都是晶莹光洁的金刚石，每年的产量多极了。产出来以后就运到伦敦、巴黎、安特卫普、纽约、阿姆斯特丹和法兰克福等地方，再运到世界上的其他地方去。

＊　　　　　＊　　　　　＊

我在橱窗里看见一个戒指，上面镶着一粒鲜红色的宝石；这粒宝石在半昏暗的地方闪着红光，隔着橱窗的玻璃看不清楚，所以我说不出它是什么宝石。

但我知道红色宝石的产地是在东方——印度、泰国和缅甸等国。像苏联所引以自豪的绿色宝石：祖母绿也罢，鲜绿色的石榴石也罢，神秘的海蓝色的海蓝宝石也罢，东方却产得极少。东方是色调鲜艳、像是在燃烧着的红色宝石的世界；全世界大自然里的任何一个角落所产的红色宝石，拿花样来说，再也多不过东方了。东方有玫瑰红色的电气石，泰国产的血红色的红宝石，缅甸产的像鲜血那样纯净的宝石，印度产的深樱桃红色的石榴石，印度德干高原产的红褐色的光玉髓——在这里，红色宝石的所有不同的色调都错综在一起。

下面是印度民间的一段传说：

南方明媚的阳光带来了亚述大神的旺盛的元气，这些元气就产生了宝石。统治着兰卡的诸神跟亚述大神有世仇，他们让暴风雨去袭击亚述大神……沉重的血滴落在河里，各处的深水里，美丽的棕榈树荫里。从那时候起，那条河就叫做拉瓦那干嘎河。那些血滴燃烧起来变成了红宝石；红宝石一到天黑，内部就燃起神幻的火焰，隔着这些万道金光似的火焰可以看见各处的水。

印度的神话就是这样优美地给我们描述了红宝石的历史。我们不能够确切地知道这段历史是从什么时候起流传下来的，可能是从六世纪左右吧。

红宝石，又使我想起了到巴黎去的一次旅行。

巴黎附近有一个人烟稀少的小市镇，那里有一条寂静的街，街旁有一个简陋的实验室。这是一间狭小的屋子，里面很热，满是水蒸气；桌子上有几个圆柱形的仪器，上面都有蓝色的小孔。一位化学家隔着这些小孔注视炉子里面的动静；他调节着火焰，控制着炉子里气体的流入量和白色粉末的吹入量。五六个钟头以后，他让炉子停止燃烧，然后从一根红色的细轴棍上取下一颗透明的红宝石。这样的红宝石像脆玻璃那样：有的在取下来的时候就碎裂了，有完整的就给珠宝商送去……

这间屋子，以前是巴黎附近著名的亚历山大实验室，是制造红宝石的。人的智慧从大自然里偷来了一点秘密，使人造的红宝石跟天然的一样漂亮，很难区别；于是人造的红宝石涌入市场，大批地运往东方，成了名贵的缅甸红宝石的劲敌。

*   *   *

我又看见橱窗的一角上有一个普通的胸针，上面镶着许多粒钻石，钻石当中有一粒祖母绿闪着绿色。

毫无疑问，祖母绿在一切绿色宝石里面是最漂亮、最贵重的了；民间的诗歌常常赞美这种宝石。古代的神话常讲到它，说它有一种神秘的力量。

下面就是几段关于祖母绿的传说。

首先是印度史上传下来的一段美丽的古代神话，这段神话充分表现了东方人的无穷尽的幻想力：

龙王瓦苏基带着达纳瓦人神的胆汁冲上去把天空劈分成两半。龙王的影子映在辽阔的海水里像一条很粗的银带；龙王的头的影子映在海面上，海水也闪着强光。

这时候加鲁达迎着龙王也飞了上来：它张开两翼，发着响声，天空和地面仿佛都被它遮住了。英德拉龙立刻把胆汁吐出到山麓上——山是地面的统治者；它吐出胆汁的地方就是吐鲁树的液滴发出香气的地方，也是清香的荷花密生的地方。胆汁流在地面上，流到远处，流到野蛮人住的地方，流到沙漠的边缘，流到海岸的附近——这些地方就都开始生成了祖母绿矿。

但是加鲁达把落到了地面上的一部分胆汁又用嘴叼起来；它忽然感觉吃力，就把这部分胆汁从鼻孔喷回到山里去了。于是这部分胆汁就变成了祖母绿，它们的颜色像鹦鹉的雏鸟，像嫩草，像水苔，像铁，又像孔雀尾部羽毛的图案。

这就是富有诗意的神话所描述的祖母绿矿坑的情形，接着，这个神话又详细描述了祖母绿的五个优点、七个缺点、八种色彩和十二种价格。这个神话里所描写的那座山"有三种人知道，没有福气的该死的人就到达不了，只有魔术家走起运来才会找到它。"

其次，库普林、王尔德和其他作者也给我们生动地描述了祖母绿。

"爱人啊，你要把这个祖母绿的戒指常常戴在手上，因为祖母绿是以色列国王所罗门心爱的宝石。祖母绿碧绿、纯洁、柔和、悦目，像春天的嫩草，如果你多看它一会儿，你心里就会开朗；如果你一早就看它，那么你整天都会感觉轻松愉快。到了晚上，亲爱的，我还要把它挂在你的床头上，它能驱除你的噩梦，镇定你的心境，涤除你的烦恼。谁要是随身带着祖母绿，蛇和蝎子就会远躲着他"。

——这就是所罗门对美丽温柔的苏拉米发所说的话。东方人关于祖母绿的传说，跟哈尔德人[1]和阿拉伯人相信祖母绿可以治病的迷信，就这样穿插在一起了。

著名的罗马科学家老普林尼曾用简洁的笔调描述了祖母绿，我们读了俄国科学院院士矿物学家谢维尔金（B.M.Севергин）的译文就能知道老普

---

[1] 哈尔德人是小亚细亚的一个民族。——译者注

林尼对于祖母绿的看法：

从优点来看，祖母绿在一切宝石里面仅次于金刚石和珍珠而占第三位，这是有许多理由的。看着任何其他颜色也不如看着祖母绿的颜色舒服。我们看着绿草和树叶也很喜欢，但是我们更爱看祖母绿；跟祖母绿比较，任何翠绿的东西也显得不绿了……祖母绿的光辉四射，连它周围的空气仿佛也染上了绿色。它们不管是在太阳光下，在阴暗处所或是在灯光下，都不变色；它老是那么漂亮，老是那么晶莹夺目；它尽管相当地厚，还是非常清澈透明……

老普林尼对于祖母绿的描写是实事求是的，然而就是他的许多叙述里面，也不免夹杂着一些民间的幻想和富有诗意的想象！

      *   *   *

我看见橱窗里专有一个格子摆着胸针，上面镶着绿色的软玉、鲜蓝色的青金石和苏联乌拉尔产的碧石。

青金石的花样很多：有鲜蓝色的，像燃着蓝色的火焰，使你的眼睛看了发热；有淡蓝色的，像娇柔的土耳其玉；又有一些是全蓝的；还有一些，面上有些灰蓝色的或白色的斑点柔和地结集在一起，形成了美丽而又多样的花纹。

我们知道，青金石产在阿富汗，还产在那高入云霄几乎攀登不上的帕米尔高原；青金石的花样也不尽相同：有些跟金黄色的黄铁矿一样，面上散布着无数的小点，像黑夜里在南方天空闪亮着的许多小星星；还有一些是斑点和脉状的白色花纹。我们又知道，贝加尔湖岸附近的萨彦岭支脉也产青金石；那里的青金石从暗绿色的到深

中国辽宁省凌源市牛河梁出土的玉器——玉猪龙，由软玉雕琢而成

红色的都有。阿拉伯人早就知道，把这些青金石放在火上一烧，它们原来的颜色就会变成暗蓝色。"只有那种放在火上烧10天都不失去本色的青金石才是真正可贵的青金石"，——17世纪亚美尼亚人的抄本上这样说。

橱窗里还有一块暗色的软玉镶在金边的框子里，颜色非常协调，我一看又想起东方的神话来了。

从前，全世界软玉的主要产地是和田，这是中国新疆地区的一个富有诗意的城镇，软玉和麝香是这个地方的两大富源。

和田历史学家阿贝尔－列缪查说：

> "神圣的玉河从昆仑山顶直淌下来，流过城池，在山麓分成三条河流：第一条是白玉河，第二条绿玉河，第三条乌玉河。每年阴历五六月，河水溢出河岸，从山顶上挟带下来很多玉石，在水退后便可以收集起来，可是在和田国王亲自出马拣选以前，老百姓是不准走到河边去的。"

这位历史学家又引证了优美的民间传说，说软玉像少女那样美丽，每年在阴历二月里昆仑山上的树和草都散射出一种特殊的光彩，据说这就表示河里已经有了玉。

这就是从前的中国人把和田叫做于阗（玉田）的原因；那时候中国的皇帝常派使臣到这里来苛刻地索取玉块。

中亚的叶尔羌河上游地方也是软玉的一个很大的产地，那里每年给中国皇帝进贡的软玉有五吨多。但是后来中国皇帝禁止在那里开采软玉，因为皇帝用那里山地里产的软玉做了一个床，皇太子睡在那个床上却害起病来。这就使叶尔羌河的上游地方受到了严厉的惩处：居民奉令不得在那里荒凉的河谷里开采绿色的软玉，那一带地方被用链子圈了起来不许人进去，连已经开采出来正在给北京运去的软玉也都扔在路上不要了。从那时候起，软玉就只许在河流里捞取——开始在叶尔羌河和和田河的水流里捞取，捞取的方法，古代中国的文学家早有记载：士兵站在水里——有时候水深得没过了腰——拦截滚流下来的软玉块，再把软玉块扔上岸去。软玉块的表面很光滑，士兵就凭这个特点，在水势湍急的河流里探摸着，把摸到的软玉块捞出水来。

和田产的软玉经由很好的官道运到北京，一路上都有中国皇帝专派的使臣照料。软玉在每个驿站上都要按照东方的规矩举行迎送的仪式，仿佛这是全中国的一件大事情。运到东方去的软玉都是未经雕琢的原块；但也有一些软玉的艺术制品是在和田当地琢磨的。

*　　　　*　　　　*

橱窗里还有一种宝石——碧石，引起了我的注意。碧石的制品显出的颜色应有尽有，使我看了很惊奇。

我们所知道的矿物，拿颜色来说，再也没有比碧石更多样的了。除了纯蓝色以外，一切其他的色调都可以在碧石的面上找到，

带有彩色条纹的带状碧石

这些错综复杂的色调常常杂在一起形成奇奇怪怪的花纹。常见的碧石是红色的和绿色的，但还带着黑色、黄色、褐色、橙色、灰紫色、淡蓝绿色和其他多种色调。不透明的碧石之所以能够用作装饰品，主要是仗着它的颜色；只有少数碧石的变种稍稍透光，能够看进去得深些，因而显出像天鹅绒那样柔和的色调。有些碧石是单一的色调，例如，乌拉尔南部卡尔坎所产的碧石就是一片钢灰色的。但是我们看了其他的碧石就很惊奇：它们面上各式各样灿烂的颜色混杂在一起，形成了非常奇怪的画面：有些颜色分布均匀，像条带那样，这就是美丽的带状碧石，这种碧石的面上是暗红色的条带跟墨绿色的条带或者跟鲜绿色的条带互相错开；还有一些颜色分布

得并不规则，有浪涛状、波纹状、粒状、斑状和角砾状①①等等。但是一般碧石面上的颜色搭配得非常复杂而且多样，像是五光十色的毯子，又像是在一种很特别的画面上所勾勒的线条。

　　乌拉尔南部奥尔斯克近郊有一个著名的碧石产地，我们可以在这些碧石的面上看到许多美丽的奇形怪状的花纹。有一个花纹像浪涛汹涌的大海，水面上有淡灰绿色的浪花，同时，有一片黑云挡住了刚向地平线落下去的太阳，而太阳的火光又透过黑云射了出来，——只要在这个风云险恶的天空里添一只振翼飞翔的海鸥，就能使人全面地想象海上的风暴了。有一个花纹是好几种红的色调杂乱无章地聚在一起：仿佛有一个人在浓烟烈火里拼命地跑着，后面拖着他的巨大的黑影，黑影的轮廓在这个惊心动魄的混乱场面上显得特别清楚。又有一个花纹像一片静穆的秋景：落了叶的树木，洁白的初雪，有些地方还残留着没有干枯的绿草，又有些地方有落下的树叶——落在水面上，在仿佛入睡了的池水的微波上缓缓地上下摆动着……诸如此类的离奇的花纹真是说也说不尽；凡是有经验的、专刻石头的艺术家都会从这样的石块上看出种种神秘的画面，假如在这种石块上面小心地刻上一些小树枝，或一些线条来表示天空，那就把自然界的美丽景色清清楚楚地表现出来……

　　1935年秋天，我们曾到乌拉尔南部所有的碧石主要产地去看了一遍。我们同博物馆的工作人员坐了两辆汽车去参观奥尔斯克、库希库尔德和卡尔坎。那次我们到乌拉尔去得很有意思，下面就是矿物学家克雷热诺夫斯基（В.И.Крыжановский）关于那次旅行的记述：

　　　　我们来到了奥尔城的郊区，绕过一个很大的养马场，上了波尔科夫尼克山。不大工夫我们就看见了产碧石的地带，还看见了一些火成

①　角砾状意思是说，好像有棱角。——译者注

岩的露头①；接着就是最初的几个碧石开采面，那里堆着准备运走的碧石。我们越过了一处处的岩石，看到了周围美丽的景色真是高兴；最后，我们亲眼看见了这里的一个了不起的碧石产地，这时候我们实在是开心极了；我们猜想着碧石颜色的成因，不明白为什么碧石几乎还没有人研究过，连它的产地都还没有人作过调查和记述，当天更没有人分析过它，琢磨过它。毫无疑问，碧石是必须充分研究的，因为乌拉尔产的碧石不但是一种重要的矿物和岩石，而且是最上等的细工材料；碧石的这种用途是全世界早已公认的，而在今天，当物产丰富的苏联刚开始进行建设的时候，它的用途就更加重要了。单拿莫斯科一个地方来说，市内的各个宫、博物馆和图书馆就需要大量的碧石来制成上等艺术品、经久耐用的细工艺品和装饰品。

我们在这个产地上看见了一块有趣的碧石。当我们全神贯注在这堆碧石上的时候，忽然听见了有人招呼我们。一看是一个身材不高的人，穿着工作服，神色慌张地快步朝我们走来。我迎着他过去。想抢先听到他说的话；可是跟他一碰头，我就认出他是我们的老朋友谢米宁（Т.П.Семенин）；谢米宁是乌拉尔人，最喜欢寻找石头，是石头的行家和爱好者。一见我们，他脸上那副紧张的、严厉的神态就慢慢地消失了；他开始满脸堆下了笑容，亲热地向我们这些旧相识问候；说他万想不到我们会来到这里，来到他所领导的"俄罗斯宝石公司"的这个碧石开采地。接着，他领我们到一个地方去看分门别类地放好在那里的开采出来的大堆碧石。那个地方确实好看：最大的碧石块重达好几百千克，面上显出意想不到的奇怪色调和图样，这都是些制造小盒、胸针和其他各种细工艺品的原料，而用它们制成的工艺品都是

---

① 岩石露在地面上的部分，叫做露头。——译者注

准备输出国外的。谢米宁恳切地留我们在"奥尔斯克碧石"这个地方喝了茶，又苦劝我们第二天早晨再走，但我们得当天回到奥尔斯克去；那天我们是在月光下回城的。

……过了几天，我们又踏上了金黄的道路。我们的汽车开始紧贴着乌拉尔山开行。于是又进入了一个产碧石的地带。我们紧张地注视着一处处的露头；汽车每开到一个我们觉得有趣的地方，我们都要下车看看。到了纳乌鲁佐瓦村附近就看见缟碧石了。这一天我们首要的任务也就是跟著名的"库希库尔德"碧石见面。这是一种淡红褐色和淡灰绿色相间的带状碧石。它真有说不尽的漂亮。列宁格勒的国立艾尔米塔日博物馆里所藏的花瓶和一个壁炉旁边的柱子就是用它制造的。我们的汽车停在纳乌鲁佐瓦村里，但是当地的巴什基尔人，谁也不知道有"库希库尔德"这个名字——"老先生"说他们不知道，我们在村子里一位教师的家里喝过茶，连这位教师也说不知道——；全村子里的碧石产地差不多都已经发现，而当地居民却还不知道"库希库尔德"，岂非怪事。不过有这样一种说法，说是纳乌鲁佐瓦村在100—150年前叫做库希库尔德村。那么显然，"库希库尔德"这个名字已经根本不用，所以现在的人都不知道了。我们还在这里找到了以前开采碧石的地方，发现了些很特别的裸露着的带状碧石：它的条带很宽，形成曲折的层次，费尔斯曼院士就给这样的碧石照了相。

我们详细地看过碧石的开采面以后就上车往北开，一直开到了卡尔坎湖边。我们早从远处看见了镜面似的湖水和湖岸上白色的风车以及矗立着的卡尔坎－塔乌山。从前，卡尔坎湖附近有许多地方都曾进行过采矿工作：开采的是菱镁矿和铬铁矿。过了一段时间，采矿工作就改在哈里洛沃进行，因为那里蕴藏着更多的菱镁矿和铬铁矿。但是，老的矿物收集家对于卡尔坎湖都知道得很清楚。而我们到卡尔坎湖来还有一个目的，就是要看看这里的灰色碧石和产地。

100多年前，彼得宫和叶卡捷琳堡的大工厂开始用这里所产的碧石来制造花瓶。这里出产的原料质地很好，看了特别叫人喜欢，可以雕成精美的制品。19世纪雕刻碧石的巨匠给我们留下来的杰作，拿美观和价值来说都是无与伦比的。

近年来，技术界要求石头加工业制造化学实验室里使用的研究和制革用的轧辊等东西。苏联现在已经不再依赖国外输入的玛瑙，而是用卡尔坎产的碧石来制造这些东西了，因为这里产的碧石，质地均匀，又有韧性，不但极难磨损，而且能够承受相当大的压力。

我们在卡尔坎湖边过了难忘的一夜，看到了湖岸上绝妙的夜景，一轮满月照耀山间，树林的阴影倒映在湖水里。周围既温暖、又宁静。可是明天就该往回走了，该到米阿斯去了。我们心里惦念着包装矿物的事情，想着去莫斯科的事情；我们有许多工作要做，又要跟许多人打交道。我们旅行了一大圈，眼看就要兜回去了。所以那天晚上感到特别快慰。可是周围的景色这样美丽，这样叫人愉快，我们又有点舍不得离开。

第二天早晨我们费了很长的时间去找碧石，但是没有找到，后来我们遇到了一个米谢良克族的女人，请她带我们去找。她起初踌躇了一会儿，后来才同意领我们去。她坐上了我们的汽车，我们终于在一个丛林里找到了一个碧石的坑道。这里的碧石块都非常大，多半是在以前开出来的：一块块面上长满地衣的碧石都陷在早已开成的凹地里。它们每一块有好几吨重，当时实在没有可能把它们运走，我们也还不明白能够用它们制造什么东西。

就让这些碧石等着吧，等到用得上它们的时候再来起运吧！我们看了这些碧石也很喜欢，因为它们的色调可爱，都是灰的，质地又很均匀，还隐约现出美丽的画面。我们在这里观察到碧石跟蛇纹石接触生成的现象，我们又一次懂得：所谓碧石只是一个总称，它是非常多样的，我们的研究还非常的不够。

我在橱窗里所看到的每一块宝石都有它自己的一段历史，假如把每一种宝石的历史都原原本本地叙述出来，那是用整本书的篇幅也是写不完的。但是，如果你到博物馆去，你也不妨站在宝石橱窗跟前往里看看，再想想我在这篇文章里描述了些什么；你也可以从早已生成的那些小玩意儿、小东西身上找一找远古的遗迹，找一找我所讲的那些非常奥妙的自然现象。你想到宝石的过去的时候，也不要忘掉它的将来。我们所看到的宝石的伟大前途，并不在于它晶莹灿烂，可以用作象征阔绰的奢侈品，也不在于它稀少而可以使人留恋，而是在于它质地坚硬、不会破碎、不会磨损和经久耐用。我们打开一块上等的表放在放大镜下面看看，常常可以看到表里面写着几个小字：十五钻。宝石用在表里面不是没有道理的；表里的小轴要支在比轴更小的宝石轴承上转动，这种宝石轴承是经得起时间考验的，它们本身就可以持久不变地测量时间。

在未来的技术上，机器里一切最重要的部分都要使用不会破碎的宝石，那时候宝石就会在技术上占有新的地位。这样，宝石就可以把过去那些充满了它的历史的悲苦、辛酸、罪恶和虚荣等一扫而空。

坚硬的宝石在现代的技术上已经在起着很大的作用。早在第一次世界大战期间，交战国不仅在战场上作战，同时也在拼命寻找各种坚硬的宝石以便用在航空、火炮和航海上的一切精密仪器里。

1.10　在皇村宫里

你们若是要做一次矿物学的旅行，就应该上普希金城去参观那极其华美的皇村宫。这个宫殿是 1752-1756 年间由著名的建筑家拉斯特列利设计建筑的；但在 1941-1945 年的伟大卫国战争期间，普希金城一度被法西斯匪徒侵占，这个具有全世界文化意义的美丽的古迹已经被他们野蛮地破坏掉，里面的东西也被他们洗劫一空了。

因此，我只得格外详尽地把这个宫殿里的古迹，给你们讲讲。

这个博物馆是世界上最漂亮的博物馆之一；但在以前这是沙皇为了满足自己的虚荣而建造的。

这个博物馆里的石头、树木、青铜和丝绸，相互衬托得十分美观，这一点历史学家雅科夫金（Яковкин）描述得很好（1829 年）。雅科夫金记述过这个村的变迁，现在就从他的记述里摘出一段话来看看这个博物馆的内部装饰：

> ……宫中出现了不可思议的事件：宇宙间种种无法描述的宝物都来到了这里。熟练的意大利艺术家用他们雕刻的十分珍贵的大理石艺术作品、写生画和镶嵌画装饰了它；印度和美洲用上等有色木料给它铺地板，地板上还闪亮着银白色的珍珠质；普鲁士用琥珀给它装饰墙壁、墙檐和墙柱；中国和日本给沙皇的富丽堂皇的大厅预备了名贵的瓷器。中国的西藏也往这里送东西：其中有稀奇古怪的金属偶像，祈祷穿的和平常穿的各式各样的古装，容器和其他用品等。西

普希金城里皇村宫的琥珀室，这里到处都是用有色的石头做成的镶嵌画

伯利亚的面积非常辽阔广大，有多种多样取之不尽的富源，而这里的花园就栽满了各种西伯利亚大树，大厅里也陈列着西伯利亚的贵重物产；金和银、青金石，各种颜色的玛瑙和斑石，色彩美丽的碧石，大理石以及其他许多种极其珍贵而又漂亮的矿物。连北冰洋和里海也有贡品摆在沙皇的大厅里。这个村附近的地下，埋藏着丰富的建筑材料，到现在为止这些无穷尽的富源已经开出了不少来供应建筑的需要，来修建、加固和装饰这个村的花园、林荫路、公路、其他大小道路和皇村宫建筑物的本身。先是国库村，后是伯爵村和普多斯契村不断地把大量的石板、石头和石灰供给这个建筑物……

但我不打算把这个博物馆里每一个有价值的处所都讲到，我只能挑选几间重要的来讲一讲。现在先讲琥珀室。

琥珀室在 18 世纪初年是世界上独一无二的用琥珀装饰的屋子。

琥珀室真是一个奇迹。它会使你看了吃惊，这不但是因为琥珀的材料贵重、雕刻精美和形状雅致，而且是因为琥珀的色调优美：虽然深浅不一，然而处处显得温柔，把全屋子装饰得说不出的好看。屋里四壁上完全镶嵌着琥珀：不同形状和不同大小的琥珀块都磨得光光的，看上去几乎是均一的淡黄褐色。壁面分成了许多格，每一格都有浮雕的琥珀边框，格子当中是四幅罗马式的镶嵌风景画，这些画各有寓意——表示人的四种不同的心情。这些用各种有色石头做成的镶嵌画，是在伊丽沙白女皇时代嵌在浮雕的琥珀边框里的。这样独特的艺术品需要多少劳动力来创作啊！而要把这间屋子装饰得富有幻想的意味，就越发增加了艺术创作上的困难。琥珀质地很脆，并不坚实，用琥珀来装饰屋子在技术上是相当困难的，尽管这样，这间屋子还是十分成功地用琥珀装饰成了种种复杂的样式。

此外，这间屋子里的窗框、护墙板、浮雕、小的半身人像、全身人像、印章和各种各样纪念品也没有一样不是用琥珀做的。

现在我讲一讲皇村宫的另一间漂亮的屋子——里昂厅。

里昂厅跟玛瑙室和琥珀室一样，也是绝妙的艺术创作。这里有些年代比较近的制品，那都是些代替了旧时代青铜作坊所产的精美制品的新的青铜制品，也就是近代所制的鲜艳夺目的蓝色细工艺品——有了它们，著名的建筑家卡梅朗最初的构想便减色了。

里昂厅跟琥珀室一样，也是单用一种石头——娇蓝色的青金石，一种最叫人爱看的有色石头来装饰的。

在这间屋子里，青金石主要是用来装饰墙壁的低处，用作壁炉的材料，用来装饰窗框、壁炉上面的镜子和门框上面的板条。门上的青铜装饰物，线条清楚，轮廓柔和，而且跟门上各种木料的颜色配搭得非常合适，所以叫人看了特别喜欢。娇柔的淡蓝色青金石，有的带有白点和灰点，有的有些地方发紫，有的边上点缀着许多云母、方解石或者黄铁矿，而黄铁矿的周围又有许多细小的红褐色点子——这一切都经过仔细考虑，配置得非常巧妙，叫人看了感觉到色调在缓缓改变。这种旧时的装饰正好显出了青金石的美丽。然而正因为这些青金石的边缘上有那么多的点缀品，色调虽然柔和，颜色并不一律，所以后来就有人认为这是俄罗斯产青金石的缺陷，有了这种缺陷，它的价值自然也就减低。只要看看门框上面镶板和板条的装饰样子，就不难看出：当时装饰工人手头所有的青金石非常少，使他们在使用每一小块青金石的时候都不得不十分慎重。这原是不足为奇的！因为1786年贝加尔湖附近斯柳江卡河岸发现本国产的青金石块的时候，这间青金石的大厅正在起造。当时的女皇叶卡捷琳娜二世对于青金石很感兴趣，曾特别下令，叫人上中国去买，所以本国的青金石一发现，索伊莫诺夫将军就把这件事上奏了女皇。第一车青金石恰好是在1787-1788年这个村修建沙皇的浴室的时候运到圣彼得堡的。石头一运到就立刻被磨光了用来装饰浴室。同时，女皇又下令拨款3000卢布去开采青金石。所以1787年就有 300 多千克的青金石从伊尔库茨克运出来。这就是俄国最初发现青金石的经过。现在我们从叶卡德琳娜宫的大厅穿过去看看著名的玛瑙室。

玛瑙室是由若干间厅室连成的一个单独的陈列馆。一间圆柱大厅和另外两间用碧石和玛瑙装饰的屋子引起了我们的注意。两间屋子中，有一间是长方形的建筑，有圆形拱门，完全是用碧石装饰的；另一间是椭圆形的建筑，叫做前厅，完全是用玛瑙装饰的。大厅是希腊式的装饰，圆柱是用比利时产的淡灰粉色的大理石造的。柱脚上都有凹进去的地方，里面有大理石雕的人像和花瓶，是意大利式和俄罗斯式的雕刻；有些柱脚下面是绍克申产的斑石，另一些柱脚下面是蒂甫吉亚产的美丽的、粉红色的大理石。壁炉和门窗上方的板条都是用意大利产的白色大理石造的，还装饰着古埃及产的斑石。

另外两间屋子却完全用俄国产的石头装饰，所以我们感到特别有兴趣。这两间屋子的建筑样式和形状非常相似，但是装饰用的材料不同：第一间主要是用了暗色的带状碧石，这些碧石面上绿色的、淡绿褐色的和红褐色的等色调的条纹不匀地混杂在一起；第二间用的碧石主要是乌拉尔人所说的"肉状玛瑙"。这两间屋子的门都十分好看，是用三种带有绿色的和红褐色的碧石装饰的，而这些色调的配搭样式又很细致，使人看了不至于留下杂色纷呈的印象。两扇大门上方的墙檐上还高高地摆着许多美丽的石刻花瓶，都是叶卡捷琳堡（斯维尔德洛夫斯克）和科雷万的两个琢磨工厂的制品，这样就越发增加了美感，使人得到一个尽善尽美的总印象。

叶卡捷琳娜宫的每一间屋子里都用了许多不同的石头。每一个斑石刻的花瓶、石板面的桌子、大理石或斑石的门、窗台都能引起我们学矿物的人的回忆；我若是引导你们去参观叶卡捷琳娜宫，我就能把我们在这些奇异美丽的厅室里所看见的每一种石头的历史、开采方法以及在乌拉尔和阿尔泰的琢磨工厂里漫长的加工过程一连向你们讲了好几个钟头。

1.11 在大城市里

我从小有一个习惯：别人每提起一个地名，我总要联想到某种矿物。人家一谈起鲍罗维奇，我就想到这个城市里有方铅矿晶体。人家一提米兰，我就想到米兰市内大理石造的教堂。人家讲巴黎，我的念头就完全转到巴黎著名的石膏开采地上面。十月铁路线上有一个站叫做贝列查卡，一提这个站，我就想起这个地方出产很好的石灰石，也就是烧成生石灰的那种石头。

但是，在各大城市里游历更能使我们增长见识，因为大城市里的每一处都有一所完整的"大学"，在等待着我们矿物学家前去研究科学上最困难最复杂的问题。

朋友们，我们现在就到列宁格勒和莫斯科的大街上去走一趟，听听那里的石头能够告诉我们什么东西吧。

在苏联北部美丽的涅瓦河岸上，在那极其宽阔的河岸街上，我们很欣赏发蓝的河水，这是苏联领土上的一种纯净的液态矿物。我们脚下踩着的是普基洛夫产的板石，这是志留纪生成的石灰岩，是深海里起了奇妙的变化而生成的碳酸钙沉淀。马路面上铺的是辉绿岩的碎块，辉绿岩是从火山里漏出来的熔岩，这种熔岩是在远古时代熔化的状态从地下深处冒出来，流在奥涅加湖①地区的地面上的。这里建筑物的基脚是花岗石，花岗石也是地下深处熔化的岩石凝固而成的。建筑物上粉红色的大理石窗台，是从炽热的火山口里喷出来而沉积在古代雅图尔海里的东西。但是，所有这些石头里面最使我惊奇的还是那更长环斑花岗岩，这种花岗岩里仿佛生着长石的大眼睛，嘉桑市大教堂的柱子、以撒大教堂博物馆的漂亮的圆柱廊、美

---

① 奥涅加湖在圣彼得堡东北。——译者注

丽的涅瓦河石岸都是用它来建造的。我细听着这种花岗石叙述它自己的历史，它告诉我的那些现象，在我们的周围虽然看不到，但在我们脚底下深不可测的地方可能今天还在缓缓进行着。

我们的地球本来像是一个炽热的火球[1]，面上是整片的熔化物，后来熔化物凝成了坚硬的地盾，苏联的北部就是大约在 15 亿多年以前最先凝成的地盾的一部分。那时候苏联北部的地面上常有大风沙。初期的热带暴雨连续倾泻在火热的地表面上。地面下的熔化物又突破了地面，使地面上堆积着碎石块和暴风刮来的沙子重新熔化，陷入到地球上第一批沉积岩里。

在这时期，地下深处也生成了所谓更长环斑花岗岩这种红色的花岗岩。稠黏的熔化物冷凝成岩体：里面最初漂着孔眼似的长石晶体，这些晶体连成了一长条一长条，熔合在一起，又再结晶出来，到后来，岩体里所有其他熔化物也都整个凝固了。从这些熔化物里还有炽热的蒸汽和气体跑出来，跑得很远，跑到古代的地盾里，凝成固体，积聚成特殊的石头资源。

例如，在白海沿岸和波罗的海沿岸上我们随处可以看到一些岩脉，这就是古代更长环斑花岗岩的炽热呼吸的遗迹。

瑞典和挪威有许多巨大的采石场，人们在那里开采粉红色的长石、玻

---

[1] 《趣味矿物学》是费尔斯曼院士在 1926 年写成的。他在论证矿物的形成时依据了当时地质学上的一种权威的见解：地球起初是热的，甚至是处于火热般的熔化状态，后来才逐渐冷却而生成了地壳；这种见解又是根据康德 - 拉普拉斯的假说而产生的，这个假说认为地球最初是气态的和液态的。

近年来关于地球起源的问题出现了新的学说，是苏联科学家施密特（О.Ю.Шмидт）院士提出来的。

新的学说认为，地球和其他行星上的物质都是由各种质点成群黏聚而生成的（这些成群的质点处于气态的灰尘状态，从前是包在太阳的周围的）。

依据这个学说，地球最初生成时是个冷的物体，地壳深处发热的地带是后来生成的。地壳深处的放射性元素在蜕变时放出了能，所以那里才发热。

因此，关于地球起源的问题，地质学上早已肯定了的地球最初是热的物质那种见解是跟新的学说出入很大的。

现在，新的学说正在另外几门跟天文学关系最密切的科学——数学、物理学、化学、力学和地质学等进行论证。——原书编者注

璃那样透明的石英和闪亮的粉红色云母；这三种东西当中夹杂着一些似乎没有什么稀奇的黑石头，比重很大，又不透明。然而这些黑石头里面还藏着不少值得惊奇的矿物：有沉重的铀矿，可以提出镭来，还有黑色的电气石晶体，这些晶体里又有暗绿色的磷灰石……

我沿着美丽的涅瓦河河岸走着。我看见长石的眼睛显出白色；黑的云母片受到北方海上冷风的作用而显金黄色，变成了一片片的"金色云母"；灰色的石英块在剥落着，秋天的河水在冲洗着石英块上含铁的黄褐色斑点——这一切都说明花岗岩这一段十亿年的"短短的"生命史已经快要过去了。

我们可以在莫斯科市内进行一次很好的矿物学参观。

我们会很欣赏这个"白石城"里建造许多老房子用的那种莫斯科产的白色石灰石，同时想起了这种石头差不多已经有了3.5万年的历史，是在古代石炭纪大海的深处沉积出来的。

我们可以连用几个小时的工夫来研究"莫斯科"旅馆底脚的花岗岩是怎样生成的：这种花岗岩形成了很奇特的伟晶花岗岩脉，古代那些岩脉是一片沸腾奔流着的炽热的熔化物，它们穿透了先前凝固的花岗岩体，到后来就凝成了伟晶花岗岩脉。

捷尔任斯基大街上的房子有用暗色的拉长石装饰的，拉长石的面上闪亮着蓝色的小斑点。再去看看红场上具有历史意义的陵墓吧。各种奇异的辉长石、深浅不一的拉长石、绍克申产的斑石和花岗石互相配搭得非常巧妙，仿佛这些石头不但象征伟大，而且同时象征了苏联人民对于他们伟大领袖去世的哀悼。

我们再从莫斯科的大街往下走，走到地下铁道的宽廊里去深入研究一下莫斯科地下的石头的秘密。

这里我们再也看不见流沙、沙子和黏土——这些东西的所在地已经由英勇的地下铁道工人打成了隧道，也看不见以前在石炭纪沉积出来的、莫斯科造房子用的那种石灰石。明亮的电灯光把各种大理石、花岗石和石灰石照得清清楚楚。苏联从卡列里的北部边界起到克里木沿岸止所产的全部建筑用和装饰用的石头，我们都可以在这里研究到。

更长环斑花岗岩的"眼睛"。每一个大粒的粉红色长石晶体的周围有一圈灰色的边缘，边缘外面密集着无数小粒的石英、云母和长石

　　莫斯科的地下铁道在世界上是首屈一指的，它的各个车站所用的砌面材料有大理石和其他许多种石头，还有玻璃、矿渣和涂釉的砖等，所有用这些材料装饰成的面积在 6.5 万平方米以上。但是要知道，这仅仅是一个开端！

　　我们从列宁格勒图书馆附近往地下走去。我们看见入口的地方装饰着克里木产的带有黄色斑点的大理石，接着看见八面形的大柱子，是用莫斯科产的灰色大理石造的，这种大理石里面还含有方解石的细脉。墙檐的下部用黑色的玻璃板镶了边；在上站台的台阶上，我们看得出克里木产的淡红色大理石里面有变成了石头的蜗牛和贝壳——这是古代南方一些大海里死掉的生物的遗体，那些海在好几千万年以前淹没了整个的克里木和高加索。

　　地下铁道的火车开得很快；火车在每一站停的时间很短，所以我们来不及把一站站的大理石都看个仔细。在奥霍特内线的捷尔任斯基站和基洛夫站上，我们非常兴奋地看到了巨大的、灰色带状的大理石板，那是在乌拉尔的乌法列伊地方开出来的。我们又迎面看见车站上红色的大门，那是用乌拉尔中部塔吉尔产的红色大理石装饰的；同时我们看见车站上的护墙板镶着沃累尼产的拉长石的边，这种石头的面上也有闪亮发蓝的小斑点。再看

下去，又是已经出现过的石头：克里木和高加索产的大理石，都带有苏联南方的石灰岩面上的那种柔和的色调；灰色的和白色的大理石，那是在寒冷的乌拉尔开出来的；灰黄色的石灰石，那是在莫斯科的附近开出来的。

我们的地球在千百万星星、太阳和星云当中只是一个非常渺小的、微不足道的世界，它从形成到现在，从一颗火红的星球慢慢变成现在这个小小的地球，经历了一段漫长的过程，而我们却常常把地球的这段漫长的历史忘记了。

1.12 在矿物禁采区里

读者多半都听说过禁区这个名词，禁区是为了不使某个地区里的某些动物或者植物绝种而划出来的。譬如说，高加索有一个禁区是为了保护一种野牛的，新阿斯加尼亚有一个禁区保护着羽茅草草原生荒地的遗迹，沃罗涅日的近郊有一个禁区保护着橡树林的遗迹，还有其他禁区。但是，为什么也要给石头划出禁采区来呢？其实石头也像野牛和橡树那样有加以保护的必要。遗憾的是，石头的禁采区往往划得太晚。

我记得我在克里木看见过几个绝妙的钟乳石山洞：里面有下垂的不同粗细的柱子、美丽的帷幕和闪亮的石头瀑布。但是，没过多少时候，山洞里的这些美景就一点也看不见了！原来游人们为了带几块山石回家去作"纪念"，常会伸出无情的手来破坏所有那些钟乳石和石笋。而他们对于某些矿产，也是同样粗暴的。

费尔干纳①有一个著名的大重晶石山洞，里面本来有许多重晶石的泉华和晶体，在世界上是独一无二的，竟也被一些游人无情地破坏掉，拿去放

---

① 费尔干纳在中亚。——译者注

在家里，我想起这件事情就痛心。

所以我们应该为及时划定石头的禁采区及时制止盗窃地球财富的行为而高兴。这种财富增长得极慢，要等它恢复原状，实比培育野牛和羽茅草慢得多。因此，我们应该好好保存、保护这种财富，以便从它那里学到知识，再去教给别人。

这样的禁采区在苏联乌拉尔南部有一处，是在著名的伊尔门山的米阿斯车站附近。

喜欢石头的人哪一个没有听说过伊尔门山？关于伊尔门山，每一个学矿物的人都能讲一套，都说得出那里所产的几种珍奇的矿物，都说得出那里所产的蓝色天河石是多么娇柔美丽。伊尔门山地下宝藏富足，种类繁多而又珍贵，真称得起是地球上唯一的矿物的"天府之国"，哪一个矿物学家不想到那里去参观一次呢？

18世纪末，哥萨克人曾经不顾那些被激怒的巴什基尔人可能对他们设下的埋伏，和卡查赫人可能对他们的袭击，冒着生命的危险，深入到伊尔门山里来。有一个哥萨克人叫做普鲁托夫，他在守卫契贝尔库尔斯克堡垒的时候，在这个地方找到了一些造窗户用的漂亮的宝石和云母。但是，当时这个地方不安靖，一般人都很难到这里来开采这些石头，并对它们进行加工。只有少数大胆的旅行家才敢冒险进入这里。

后来，西伯利亚大铁路的铁轨铺到了伊尔门山，代替了那些难走的山路和大路。一个小小的米阿斯车站在紧靠着伊尔门山脚，在明媚的伊尔门湖的湖岸上，设立起来了。这个车站是用一种很好看的淡灰色石头修建的，这种石头看外表很像花岗石，实际上却是一种稀有的岩石——为了纪念米阿斯就叫做米阿斯石[①]。车站和车站周围那个小村镇的后面，不远就是一个陡峭的山坡，坡上满是树林。站在坡上从南往北望出去。仿佛伊尔门

---

① 米阿斯石学名是云霞正长石。——译者注

山只是一个山峰。然而这是我们的眼睛欺骗了我们：我们所看到的不过是一条很长的山脉的南端。这条山脉一气呵成，中间差不多没有间断，它远远地往北伸去，大约有 100 千米长，不但有独特的形状，化学成分也很特殊。这段山脉的西面是辽阔广大的米阿斯河谷，谷里有几个巨大的集体农庄和一些稀疏的树林，还有耕地。在它的东面，近边是一些零散的小山丘，上面都有树林，中间还有几个形状很不规则的湖泊在闪着亮光，远处就是西伯利亚西部的那片一望无际的草原。

用三刻钟的工夫可以从陡峭的伊尔门山坡爬到山顶，从山顶的那些岩石重叠的小山峰上瞭望，四面八方都是令人难忘的美景……

但是对于我们学矿物的人来说，最能引起注意的是这个山的东面的景色。西伯利亚平原朝东无边无际地扩展出去，然而我们所注意的并不是这个平原上烟雾迷蒙的远方，而是近在脚下的伊尔门山的东麓。这里的坡度比较不大，有小山丘，有树林，还密布着一些湖泊。这些树林和伊尔门山坡之间看去好像有一大块空地，但这不是空地，而是一个沼泽，里面完全是泥炭，现在正在成功地开采着。树林里有一片片轮廓整齐的伐木区，又有一条条树木稀疏的带形地，伊尔门山出产黄玉和海蓝宝石的著名矿坑就坐落在这些树林里。

离开米阿斯车站两千米，有一些华丽的小房子，是禁采区的管理机关、博物馆和图书馆，这里是到禁采区来研究文化科学的人首先要到的地方，也是对禁采区的富源进行科学研究的地方。

再过几年，禁采区里各个地方都要出现这样的房子，那时候，来这里研究的人就可以就近住到矿坑的周围，来研究过去时代留在这些矿坑上面的、到现在没有研究明白的那些规律了。

现在差不多有 200 个矿坑已经收拾好，已经清理了炸药炸开的岩屑，除去了矿脉四面的围岩。矿坑里的每一条细小的矿脉都用灯光十分仔细地检视过，但其中所有漂亮的海蓝宝石晶体和黄玉晶体都没有人用手触动过。每一个矿坑都蕴藏着预料不到的矿物。伊尔门山的矿物多达100种以上，这里的富源是多种多样的。

这些了不起的矿坑，我来看过好多次。我每次来总是先看斯特利日夫矿坑，这是产黄玉、冰晶石和另一些矿物的地方。我以前曾到过南方炎热的厄尔巴岛，也去看过天气阴沉的瑞典的矿脉，也到过阿尔泰、外贝加尔、蒙古和萨彦岭，但是所有这些地方所产的有色石头，都比不上斯特利日夫矿坑所产的漂亮。我看见伊尔门山的天河石矿坑时，由于面对着大自然的这一幅丰富多彩的景色而感到的喜悦，是我在别处从来没有感到过的。我的眼睛紧盯着一堆堆蓝色的石头——淡蓝绿色的天河石。我的周围布满了带尖角的天河石片，它们全在阳光下闪烁发光，那些带有条纹的细小晶体所闪出的绿色，是跟绿叶绿草的色调完全不同的。我站在这些富源面前真是说不尽的喜欢；我不禁想起了一位矿物学老前辈说的一句带点幻想的话，他说整个伊尔门是由一整块天河石晶体构成的。

这些矿坑之所以好看，不但是因为天河石的本身发出漂亮的蓝绿色，而且是因为天河石跟一种淡灰色的烟晶结合在一起；烟晶在矿坑里朝着一定的方向生长，构成了一幅幅整齐而又美丽的图画。这些画面，有的纹遒细密，像是在淡蓝色的底子上写的一些欧洲古文，有的笔道粗壮，像是一些灰色的象形文字。这样的花岗石岩叫做文象花岗岩，它面上的文字图案形形色色，各有各的特点；使你看了，不由自主地想把这些看不懂的天然文字辨认一下。18世纪末到这里来的旅行家和研究家看见了这样的文字都曾非常喜悦。那时候的人们就用这种带有文字的石头来制造漂亮的桌面。这样的桌面到现在还是列宁格勒国立埃尔米塔日博物馆大厅里的装饰品。现代的科学家为了解释各种自然现象，他们对于这些带有文字的石头也是很感兴趣的。

我看着这些矿坑的废石堆，也浮起了解释这个谜的念头。我首先注视的是像小鱼那样贯穿在蓝色天河石当中的那些灰色的石英，我想找出天河石和石英的生成规律和它们共生的规律。现在这些规律已经发现了，大自然里的一个小小的秘密已经揭穿

伊尔门山产的文象花岗石：烟晶在淡绿色长石的底子上形成了类似古代文字的图画

了。这些小鱼，也就是地球上这些神秘的象形文字，里面隐藏着多少新的规律和规律性啊！这些小鱼告诉了我们远古的事情，那时候巨大的伟晶花岗岩脉透过科萨山的花岗片麻岩冒了出来，然后从这些半熔化的伟晶花岗岩里结晶出一堆堆的天河石来。这个作用是在 800℃ 左右的温度下开始的，以后温度逐渐降低，就生成巨大的长石晶体。到了 575℃，花岗岩里生成烟晶，同时花岗岩的面上也就出现了细小的文字图案，图案的形状本来是有规则的；但是温度再低下去，烟晶的晶体——小鱼也就不规则地朝各个方向伸展出去；小鱼伸展的范围越来越大，使得形状规则的图案完全改变面貌；最后，像小鱼似的烟晶就嵌在花岗岩里面成为不规则的脉状了。

含有黄玉和其他矿物的烟晶矿脉便是这样生成的；一找到天河石，也就可以在天河石矿脉里找到很好的宝石，天河石这个标志是再可靠也没有了。没有天河石也就没有宝石；这里的山地居民经验丰富，他们很重视天河石，因为他们很懂得天河石是寻找黄玉的最好的标准。他们明白，天河石的颜色越浓，这个矿脉的希望就越大，它给人带来的幸福也将越多。

以前我到伊尔门山来参观的时候，曾在日记本里写过这样两段话：

　　我对伊尔门山未来的面貌稍稍存有一些幻想：山上是一个风景优美的疗养区，周围的绝好的松林，使区里的尘埃绝迹，也受不到远处河谷的流水声的骚扰。人一离火车站就可以坐一种用缆牵引的电车到山顶上去。伟晶的长石脉和脂光石脉都进行大规模的开采，这样就可以为集中在切巴尔库利和米阿斯工厂里的那些规模巨大的陶瓷制造业供给大量的原料。山下，湖岸上靠近林边的地方，是一个历史博物站——伊尔门山各矿坑的管理中心，远征勘察队的中心，实习勘察和科学勘察工作的中心，还有博物馆和实验室。许多矿坑里都将进行大规模的勘探，都将有计划地开采天河石；许多探井都将凿通到科萨山的底部，为的是去搞清楚天河石脉的内部构造和分布情况。

　　这就是伊尔门山的远景；为了科学，为了工业的胜利，为了文化和进步，就必须这样做。但是，照上面所说的远景来改造以后，伊尔门山可能就会失去它原来的美丽了。要知道伊尔门山之所以美，是因为它荒凉而又可爱，可因为它的美是一个整体：这个整体里有荒废的矿坑和潜伏着飞禽猛兽的废石堆，也有非常难走的山路，而我们在蓝色的天河石堆里颤抖地提着篮子、在简单的营火旁边喝着茶，也正是在这个荒凉的环境里面。所有这一切十分生动地交织成了目前伊尔门山的面貌，我连心里想着要和这种面貌永别也有点舍不得，因为这个面貌不但富有诗意，不但代表着没有被触动过的生荒地的美丽，而且对于人的工作、创造、以及控制自然和探索自然的秘密也是一个巨大的鼓舞力量啊。

现在，许多事情已经实现，过去的幻想已经变成了事实。

世界上有了第一个矿物禁采区，现在这个禁采区就命名叫依里奇伊尔门禁采区。

1934年来到了。南方春光明媚，我们坐着汽车——高尔基工厂出的一种牵引力非常强大的汽车（米阿斯的孩子叫它做"小开路车"）到乌拉尔南部新的工业中心到处去看了一遍。轻便的汽车开了几个钟头，我们就从依里奇伊尔门禁采区进入了凯施顿，这个地方产铜，产量占苏联全国的四分之一。再过两三个钟头我们到了兹拉托乌斯特，看见了这里新的、苏联造的初轧机。又过了 7 个钟头，到了乌法列依炼镍厂的门口，镍是一种非常重要的金属，这个工厂就是苏联的镍的一个巨大来源；又过七八个钟头，汽车把我们带过了马格尼特卡，这里铸铁的年产量在 300 万吨以上，也就是说，这个数差不多等于沙皇时代全国的黑色金属生产量。

我们从禁采区出来，经过几处庄稼长得很好的集体农庄田野和一个新辟的、整洁的国营农场，三个钟头以后，就来到了车里雅宾斯克的境内。这是一个正在成长的城市，将来它还要繁荣。我们在这个城里，往前看、往周围看，到处都是拖拉机厂的巨大厂房；这个震惊世界的工厂虽然建设在无数的花朵里，在一片绿色的草原上，它厂房里的机床、器械、传送带和炉子等却连成了一套复杂的装置，每年能够生产好几万台巨大的"斯大林型拖拉机"，说来几乎很难让人相信。

接着我们看到了几个新奇的工厂：一个是铁合金工厂，它用火山口里那样的高温，也就是太阳表面那样的高温（差不多摄氏三四千度），来制造一些非常复杂的化合物——冶炼优质钢所必需的化合物。另一个是人造红宝石工厂，它出产的红宝石每块总有好几吨重；这样的红宝石块用巨大的钳子从炉子里取出来，再制成金刚沙粉，就是研磨工厂所用的研磨料，苏联全国各地所用的金刚沙粉有三分之一是在这里制造的。

其次我们看到了齐略宾斯克地方国营发电厂、炼锌厂、规模宏大的巴卡工厂等的建筑，又看见了一个染料工厂，是用库辛斯克所产的黑色钛矿石来制造白色颜料的。苏联需要的各种金属、合金、拖拉机和机器，以前都要由国外大量输入，到现在车里雅宾斯克市和车里雅宾斯克省的重工业已经成了最重要的供应者，可以对苏联全国各地供应这些东西了……

1934 年秋天，我们又到依里奇伊尔门禁采区去了一次。我们在一所老式的木头房子的露台上开了第一届车里雅宾斯克地区科学会议。许多最有名的专家、熟悉乌拉尔南部和这个地方的富源的行家都到会讨论了过去的成就和今后的工作问题。露台上，主席摇着牛马颈部拴挂的小铃铛（不是手铃）来主持这次意义异常重大的会议，会场的周围是绝妙的松林，是乌拉尔南部优美的大自然景色。

专家们说："我们单单知道这个地区有哪些富源，是不够的；乌拉尔的所有铁矿我们已经调查清楚了一大半，但这还不够。固然，我们已经在乌拉尔发现了铜、锌和铝，知道这里铜和锌的埋藏量大约各占苏联全国的四分之一，铝占二分之一，这些矿藏已经在进行开采来供应工业上的需要，我们又知道，乌拉尔南部有菱镁矿、滑石和铬铁矿的产地，而苏联国内任何其他地方都没有这些矿藏，——但是这一切都还不够。所以说不够，是因为乌拉尔南部还有无尽藏的富源，是因为乌拉尔南部还有几万平方千米的山脉从来没有一个地质学家和地球化学家研究过。而且因为田野和草原的地面下也埋藏着我们所不知道的富源。"

于是，地质学家和地球化学家就给乌拉尔南部 30 多万平方千米的地区画了一幅彩色地图，指明了金属、矿石和其他矿物分布在这个面积上的重要的地球化学规律，又讨论了并且说明了寻找、钻探和试掘这些富源的方法。

我心里在想着未来，想着苏联的第二个煤铁基地就要在东方建立起来。乌拉尔的库兹涅茨的工业就要以巨大的规模飞快地发展起来。巴卡尔工厂也要像马格尼托哥尔斯克那样安装最新式的鼓风炉；而这个工厂所产的铁，拿质量来说也一定可以和马格尼托哥尔斯克所产的媲美。车里雅宾斯克的煤田是乌拉尔的新的化学动力基地。这个煤田产褐煤，可以从里面提炼出几十万吨的液体燃料，而如果使褐煤气化，又可以对车里雅宾斯克所有工厂的机器供应动力。那时候车里雅宾斯克地区的农业集体化运动也将完成。

这个地区里的汽车路将要四通八达，尽管这个地区的面积差不多大到 25 万平方千米，汽车也用不了几个钟头就能到达最近的地点。当地居民生活上的重要课题将是造林、修水池和开沟渠。将来当地的工业将要飞快地发展。用事实来证明原料的综合利用的异常重要性以后，大工厂里的废料就一件也不会丢掉和失落。

这样，苏联的大脊柱——乌拉尔将来就会把它的金属和石头的威力跟田野和作物的富饶多产的力量结合在一起。

那时，我们又会到依里奇伊尔门禁采区来。不过再来时，我们从车里雅宾斯克动身将只坐两个钟头的汽车就到达目的地。我们来还是为了参加科学会议，但是这次的会议决不会设在老式的木房里，而将设在用石头新造的矿业研究站里，因为矿业研究站一定已经成了指导车里雅宾斯克工业的中心研究所。在森林里，在傍着伊尔门湖的那个

在乌拉尔南部的伊尔门禁采区里穿过伟晶花岗岩脉开凿沟渠

陡峭的山坡上，在这个巨大的和平工业中心地，一定已经出现了一个新的科学研究机关，而这个机关的全部工作一定将跟乌拉尔当地、跟当地生产力的发展、跟当地的需要和任务都有密切关系。新设的巨大实验室的研究工作一定是为欣欣向荣的这个新地区服务的。

这样，苏联的钢的山脊——乌拉尔就不但纵贯南北，而且衔接东西，把欧亚两洲连到一起了。

第二章　没有生命的自然界是怎样构成的

——

2.1 什么是矿物？

我们在前一章里已经知道了各种环境里的石头和矿物。但是我们还不明白：在这个多样而又复杂的自然界里，什么样的东西可以特别叫做矿物。原来我们这门科学所讲的矿物差不多有 3000 种，但是其中有将近 1500 种是非常少见的石头，只有二三百种是我们在周围环境中常见的主要的石头。从这一点来看，矿物的世界好像比动、植物的世界单纯得多，因为动植物有百十万不同的种和属，而且这个数字还在逐年增加。

前面已经讲过，研究我们的矿物界有许多困难，同一种石头可能具有不同的外观。这究竟是什么道理呢？原来一切矿物都由更小的单位组成，这些单位像是各种各样的砖块。我们算过，这种砖块一共近 100 种，我们周围的整个自然界都是由它们构成的。这些砖块就是化学元素，俄国著名的化学家门捷列夫（Д.И.Менделеев）第一个把所有元素排成了严整的一张表，这张表就叫门捷列夫元素周期表。归在这 100 种化学元素里面的，有氧、氮、氢等气体，有钠、镁、铁、汞、金等金属，还有像硅、氯、溴等物质。各种元素用不同的数量和不同的方法配搭起来，就生成我们所谓矿物，譬如，氯和钠生成食盐，硅和两份氧生成硅石或石英等[①]。

矿物是化学元素的天然化合物，是自然而然形成的，并没有人的意志参加在内。矿物是一种特别的建筑物，是由不同数量的几种特定种类的小砖建造起来的，但是这些砖并不是胡乱堆在一起，而是根据自然界一定的规律堆砌起来的。很容易明白，用同样的几种砖，甚至用的砖的数量也相同，仍然可以造成不同样式的房子。所以同一种矿物在自然界里生成的样

[①] 门捷列夫元素周期表在费尔斯曼著的《趣味地球化学》里讲得很详细。——原书编者注（《趣味地球化学》有中译本，中国青年出版社出版。——译者注）

子也可能很多很多，尽管它们在本质上是同一种
化合物。

就是这样，由于各种化学元素的配搭，在地球
上造成了 3000 种不同的矿物（石英、盐、长石等），
而这些矿物聚集在一起，便形成我们所谓岩石（例
如花岗岩、石灰岩、玄武岩、沙岩等）。

研究矿物的科学叫做矿物学，叙述岩石的科
学叫做岩石学，而研究这些砖块的本身和它们的
自然界里旅行的科学叫做地球化学……

读者读了我前面所讲的那些，可能已经厌烦
了，也许会对我说，你讲的一点都不有趣。但是

紫锂辉石

我还是希望读者把这本书读完，因为我们应该牢牢记住：我们对于自然界
了解得越多，越深刻，那么我们周围的一切就会越显得有趣，而我们也就
能够更快地改造大自然。

我们的世界里还充满着没有发现的"秘密"；科学的内容越是渊博和复
杂，科学的成就越大，那么，我们周围玄妙的谜也就解开得越多，不过我
们每揭露自然界中一个"秘密"，总又会在这个"秘密"里发现一个新的、
更难解的谜。

2.2　地球和天体的矿物学

我们的地球是由哪些矿物组成的？

一提这个问题，首先就会使人这样想：组成地球的矿物和岩石，也就
是我们周围的和我们生活里所用的那些矿物和岩石。但是科学给我们的答
复根本不是这样，原来地球的深处完全不是我们在周围环境里所看到的样

子。读完了这一节就会知道，拿成分来说，地球比较像太阳，而不像我们所熟悉的、存在于我们周围的那些石灰岩、沙岩、黏土和花岗岩。

我们知道，在我们工作着的这个地球表面上，有些物质比较多，有些物质比较少。在所有这些物质里面，有一部分是我们所说的稀有物质，我们要费很大的力气才能把它们从地下开出来用在工业上，而另一部分物质却很多，我们要多少就有多少。这两部分物质在地面上的分量之所以相差很大，完全是因为前一部分物质在自然界里分散得非常厉害，它们并不或很少大量堆聚在一处地方，而后一部分物质却常常大量地堆聚成矿床。

此外，各种物质在地壳里的含量也的确是很不一样：有些物质差不多占到地壳重量的一半，而另一些物质却只占地壳重量的十亿分之几。1889年，美国化学家克拉克想计算一下地壳的平均成分。计算的结果是，在92种不同的物质里面，也就是化学家所谓的92种化学元素里面，只有极少几种是大量分布在我们周围的。值得注意的是，拿体积来说，我们周围的自然界有一半以上是氧和氢这两种气体组成的；硅在组成我们周围自然界的元素中，只能占到第三位，它和氧化合成了石英这种矿物。然而硅一共也只占15%，至于我们很熟悉的那些重要的金属，例如钙（含在石灰岩里）、钠（含在海水里和食盐里）和铁，它们加在一起也不过占百分之一二罢了。

我们的周围是一幅奇异的景色；自然界有99%完全是由12种元素组成的，这些元素按照不同的方式互相化合，结果就给我们生成那么多种多样的矿物和我们生活里所用的制品！

但是，我们的地球在地壳以下更深的部分也是这样情况吗？要回答这个问题，我们就必须想象从地表面到地中心做一次艰苦的长途旅行，这个路程长达6000千米以上，是非常特别而又富于幻想的。

我还记得，1936年我在捷克的时候，曾经怎样顺着欧洲一个最深的矿井下到了地下深处。我们乘着无顶电梯以每秒8-10米的速度飞快地下降；

风声飕飕，竖直在电梯轨道嘎嘎地响，空气越往下就越潮湿、越温暖。几分钟以后，我们就到达矿井的底部了；我们感觉耳鸣，心也跳得厉害，这里的气温是 38℃ 左右——相当于热带潮湿地方的气温。要知道，我们一共才到达地面下 1300 米的深处，也就是说，我们仅仅走了到地心的幻想旅行的那段路程的 1/5000。世界上人工挖成的最深的矿井，至多也只能使人下到 2.5 千米的深处（非洲的金矿）。人们的全部活动、工作、旅行和生活完全受着薄薄一层地壳的限制。

但是人们很想跑到这个小小的世界以外的地方去。人们用尽了一切方法想把眼睛武装起来，好去透视到现在还不知道的地下深处，好去了解我们那么近而又直接踩在我们脚底下的，究竟是些什么东西。可是到现在为止，人们所知道的深度还只有理想深度的 1/5000。

人们的眼睛固然还不能直接看到地下很深的地方，但是人所用的工具能够钻到的地方却已经比人眼能看到的地方深得多了。近年来人们使用了一种金刚石钻机，这种钻机的钻头上镶着坚硬的金刚石晶体，已经能够钻到超过 4.5 千米的深处，把那里的岩石和矿物穿成实心的柱子提到地面上来。但是应该明白，就是 4.5 千米，比起地球的半径来还是微乎其微的[1]！

大自然有时也会帮助人。地下的深处受了地质作用力的影响，会出人意料地升到地面上来；海洋的深底连同那里沉积的矿物会在地面上变成非常高的山岭；地下深处熔化的熔岩也会顺着地下的裂缝和孔口涌到地面上来。所有这一切，科学家都能用精密的地质方法来进行研究；也就是说，有些矿物和岩石，它们生成的地方虽然远不是人们能够直接观察到的，其中有一部分还是在地面下 15-20 千米的深处生成的。可是科学家还是能够把一块块的矿物和岩石带到我们的研究室里进行分析。

[1]　苏联所钻的油井，最深的是 5000 米（1951 年）。——原书编者注

尽管这样，我们还是很不满意，因为到地心去的路只走了15-20千米，还差6000多千米，也就是还差从圣彼得堡到外贝加尔的赤塔这样一段距离，而在这段路离上，15-20千米只不过相当于到列宁格勒近郊列巴茨村的一小段。

那么我们对于地下深处究竟知道些什么呢？地下深处究竟是由哪些物质组成的呢？

我们实在知道得太少了；但是近年来科学上有了一些新的发现，我们的眼界因而又扩大了一些。现在我们知道，地球的比重是5.52，也就是说，地球的平均重量是水的重量的五倍半；可是我们地面上普通的岩石，例如石灰岩、沙岩和花岗岩，它们的重量只等于水的重量的两三倍。所以必须这样想：地下深处所含的物质一定比我们周围的物质重得多。其次，我们知道，在前面说的地面下15-20千米的范围内，我们看到地球的成分也很有一些改变：有些金属，例如铁和镁，比在地面上多一些。因此又可以设想：再深下去，直到地心，地球的成分是在继续发生变化的。但这还不够：天体很多，我们的地球只是其中的一个，因此，我们又很想把地球跟太阳、星星、彗星等比较一下。说也奇怪，我们对于许多遥远天体的成分竟比对于地球深处的成分知道得多得多。这些天体的颗粒有时候甚至会飞到我们的地面上来成为陨石；根据从遥远的世界飞来的这些微小的"客人"，我们已经开始多少知道些构成整个宇宙的物质了。

近年来，研究地震的科学给了我们许多宝贵的知识。地震时的震波会从发生震动的地点向四周传播出去。有些震波是顺着地球的表面传开去的，有些震波却穿入地球内部，朝各个方向传播。如果某个地方发生了地震，譬如说日本发生了地震——说得准确些：日本地下某处发生了地震——，那么每一个有精密仪器设备的地震站都会收到两个震波：一个是顺着地面传来的，一个是穿过地球内部传来的。根据科学家的研究，穿过地球内部的那些震波，它们通过地球内部各处的速度并非处处相同的，因为它们在地面下不同深处会遇到不同的物质。这些震波在离地面近的地方就通过得快些，在离地面远的地方就通过得慢些，这是因为离地面远的地方的物质比较致密，比重比较大。根据震波的研究，甚至可以确定地球的成分在地下不同深处是怎样改变的。

我们可以到地下深处，到那压力极大而温度之高又是我们所完全想不到的地方去旅行一次。我们旅行时，必须记住：刚走入地下不远——离开地面30-100千米，也就是说，我们刚动身不久，就会遇到炽热的熔化物；再深到下面去，熔化物就会改变性质而不再是液态的，这里的物质会像玻璃，虽然热得厉害，却已经是固态的了。

我们旅行的出发点是我们所熟悉的地表面。我们所栖息的几个大陆仿佛漂在围绕整个地球一周的一条由黑色的玄武岩所组成的地带上面。大陆的成分主要是花岗岩，花岗岩的比重差不多是2.5，里面含有大量的氧和硅。花岗岩是地壳的最外层，这层的下面是比重比较大的玄武岩地带。铁的含量在玄武岩里比在花岗岩里多些，玄武岩的重量是水的重量的3.5倍；在地面下30千米的深处，由于镭的化合物非常多，又由于镭放出了热，这里所有的物质已经成为火红的液态了。

这样一直继续到离地面1200千米的地方——从地面到这里都是地球的岩石带；在岩石带的最深处，过了熔化物的中心再往下走，我们就会重新遇到一种很重的岩石——辉榴岩，这种岩石在外观和构造方面都非常像玻璃。火山的爆发，有时候就会从地下很深的地方把这种岩石的碎块给我们带到地面上来；在这些碎石块里，譬如在南非洲的几个著名的矿坑里，往往可以找到贵重的金刚石晶体。

再往下走，走到地面下1200-2900千米的那一段是矿石带，这里堆聚着铁矿石，包括磁铁矿和黄铁矿。铁矿石里还掺杂着含有金属铬和钛的矿石，而且铁矿石里铁的含量多，氧的含量少，所以整个这块物质的重量是同体积水的重量的五六倍。矿石带受到上方极大的压力，所以尽管这里的温度很高，所有物质却都是固态的。

矿石带差不多厚到 2000 千米；一过这个地带再往下去，我们就走进了地心的核；核的重量差不多是水的重量

地球的剖面和它的各层

的 11 倍，又是钢的重量的 1.5 倍。核的成分主要是铁，铁在核里的含量多达 90% 以上；铁里面还掺杂着金属镍以及少量的硫、磷和碳。

那么，整个我们的地球是什么样的成分呢，哪些物质（元素）在地球的成分里面起着重要作用呢？显然，这个问题我们现在已经能够回答了，现在我们就把起着重要作用的那些元素按照从首要次要的顺序写下来：氢，氦，铁，氧，硅，镁，镍，钙，铝，硫，钠，钾，钴，铬，钛，磷，碳。

那么我们的地球究竟是怎样形成的呢？为什么地球的成分差不多有 40% 是铁呢？地球里的各种元素怎么会分布成现在这个样子呢？假如地球里的铁矿石在地面上分布得多些，对于我们就会有利得多，那样的话，我们就不必担心我们国民经济的未来，就可以放心不会闹铁荒了。

有好几十种不同的学说在设法解释地球形成的问题。最可靠的一种学说是这样：宇宙太空里细小的碎屑落在一起就形成了我们的地球，新的碎屑落在旧的碎屑上面——所有这些碎屑就都混杂起来熔成一片，而在熔化的时候，重的元素沉在深处、沉到中心，轻的元素就漂在表面而凝成岩石带。

这个学说看来是可以相信的，因为我们如果研究天体的成分，就会发现这些天体里所含的物质跟地球上是一样的。固然，我们对于天体矿物学还知道得很少很少。拿月亮来说，科学家只能根据落在地球表面上的石块来推测月亮上有哪些岩石和矿物，科学家也知道宇宙间一些小天体

月球矿藏分布图

上——可能是彗星上——的矿物，但是所有这些还只是片断的知识。

月亮、行星、彗星和其他恒星的矿物学，这是未来的一个巨大的研究领域；我们目前的任务只是了解地球深处的矿物学，并把大宇宙里的矿物拿来互相比较……

你们看，我们到地心去的旅行，已经使我们的念头转到宇宙太空里遥远的世界里去了；但是我们这些在地壳上研究矿物的人，也并不是只凭幻想，而是凭着深刻的科学分析，来帮助我们的眼睛看透大宇宙的一切的。我们目前正在开始逐步地了解整个的大宇宙；今天看来，整个大宇宙和其中所包含的彗星、恒星、星云和行星在构造上好像都是十分相似的。大宇宙的基础是由同样的一些物质构成的，这些物质中可能有 12-15 种化学元素是主要的，而其中最主要的是铁、硅、镁和氢、氧、氦。我们的地球只是这个大宇宙里的一个微粒，地球上的规律也就是大宇宙的规律。

2.3　晶体和它的性质

为了明白晶体是什么东西，只是到矿物博物馆去欣赏一下石英和黄玉

的漂亮的晶体，或者在冬天拿我们深色的袖子作背景来赞美一下小雪花，或者把沙糖拿来观察一下闪亮得像金刚石似的那些小小的糖晶体——是远远不够的。必须亲自动手把晶体培养出来研究它的生活。

我们这样来做吧。到药房去买 200 克普通的明矾和胆矾，再买两个浅的玻璃杯——结晶皿，有了这些东西就可以做结晶作用的实验了。实验的方法：先把明矾放在一个大玻璃杯里用普通的热水来溶解，但是热水的用量不要多到把明矾溶尽，而要使玻璃杯的底上还剩下一点明矾。其次是让水冷却，这样我们就会看到杯底的沉淀比起初稍稍多些。差不多两个钟头以后，再把玻璃杯里透明的溶液小心倒在一个结晶皿里，然后把这个结晶皿放在窗台上，并且用纸严密的盖住皿口。胆矾也照这样做，于是我们就在另一个结晶皿里制得了一种鲜蓝色的溶液。

第二天早晨就会看见，两个结晶皿的底上都析出了小粒晶体的沉淀；其中有些晶体非常小，有些比较大。把这两个结晶皿里的溶液小心地分别倒在两个玻璃杯里，再用小镊子从两个结晶皿的底上把最大最好的晶体各夹出五六粒来，用柔软的吸墨纸擦干净。留在结晶皿底上的所有闪亮的小粒沉淀都扔掉不要。把两个结晶皿洗得干干净净之后，把方才倒出去的熔液分别倒回来，然后，再用小镊子把夹出去的晶体轻轻地放在它们各自的熔液的底部，放的时候不要让晶体相互挨近，最后仍用纸盖住结晶皿。还可以换一种做法：头一天在结晶皿里制得了溶液以后，在溶液里悬一根线，第二天，线上就会附着许多小晶体；把线提出来，去掉上面多余的晶体，而只留下一二粒，再把线放回熔液里，就像图上那样。

到了第三天早晨，我们把结晶皿上的纸一打开就会看见，晶体已经长大了一些；这时候要把晶体轻轻翻转一下，使晶体的另一面挨着结晶皿的底，然后仍用纸盖住结晶皿，再这样放置一天。这样一天天下去，晶体就会每天长大一些。当然，有时候我们也会发现，这些晶体附近会出现新的、闪亮的小晶体。那样的话，就必须照前面说的方法再做一次：把培养着的大晶体取出来擦干净，把新出现的小晶体扔掉，把溶液倒出来，把结晶皿洗干净，把溶液倒回去，再把大晶体小心地放回去。这样做，我们就能亲眼看到晶体长大，看到它每天长大一些；我们可以变尽花样来做这类实验，来全面地研究结晶作用的现象。

结晶皿里的晶体正在长大，其中有一粒晶体附在线上

在这样的试验中，我们首先看到的是，在同一个结晶皿里出现的晶体是一模一样的，但是明矾的晶体跟胆矾的晶体就完全不一样。

我们也可以把纯净的明矾晶体放在盛着胆矾溶液的结晶皿里。但这样做就不会有结果：不是晶体溶解了，就是晶体表面上乱七八糟地附着许多闪亮发蓝的小粒东西。不过我们如果到药房去买一些铬矾（紫红色的），按照前面说的方法一步步地做，让铬矾在另一个结晶皿里结晶出来。然后把明矾晶体放进这个结晶皿里，又把铬矾晶体放在明矾溶液里。结果我们就会看到一

若干种矿物天然的晶体。从左到右：上面是刚玉、绿柱石和符山石，下面是石榴石、黄玉和白榴石

产于乌拉尔地区的紫水晶晶体

种有趣的现象：紫红色的晶体继续长大，可是外面是白色的，而白色晶体外面却是紫红色的。我们甚至可以制得一种带状（有条纹的）晶体，方法是把长成中的晶体轮流放在两个结晶皿里。

还可以做这样一个实验，向明矾溶液里加一些硼砂，使明矾进行结晶作用，这样，明矾的晶体就会逐渐长大，但是它长成的样子跟它的纯净的水溶液里长出来的样子很不相同。我们会看到，这个实验里生成的明矾晶体，除了发亮的、带棱的那八个面以外，还有六个不规则的面。我们还可以不加硼砂而加其他的杂质，我们得到的晶体就会有各各不同的外形。

现在拿一粒明矾晶体来，打掉一个角，放在明矾溶液里，结果这个角很快就会补起来而完全恢复原来的晶体外形。

再拿一粒明矾晶体来，把晶体上所有的角都打掉，再把晶体磨成小圆球的样子，然后放到明矾溶液里，结果我们就看到：尽管这粒晶体长得很慢，它毕竟是在逐渐地长大，而且最后还是长成了它原来的那个样子。

有经验的结晶学家可以用很多方法来做这一类的实验；每一次实验都使他相信：晶体世界是受着许多条极其严格一定的规律支配的。

有一种特别精确的仪器，叫做测角计，结晶学家可以用它来测量各种晶体的角；根据测量的结果，结晶学家很快就相信：每一种晶体的某个角的度数都是完全一定的，拿明矾晶体来说，不管是在什么地方，也不管是在什么时候进行测量，这个晶体的角锥上的角总是十分准确地等于 54 度 44 分 8 秒。

结晶学家往往要用各种晶体制成厚度只有一毫米的百分之几的透光的薄片，然后使一条光线通过它们。在

测角计——研究晶体的一种仪器

大多数的晶体中，这条光线都会变成性质非常特别的两条光线。结晶学家发现：晶体具有多种多样奇异的性质和特征，例如：同是一个晶体的各个晶面，硬度却不相同；同是一个晶体，电流只能在一定的几个方向通过它，在其他各个方面就通不过去。

科学家研究晶体的结果，已经发现了一个完整的新的世界；他们逐渐知道，按照严格一定的规律生成的这种物质是充满在地球上各个角落的。

苏联各处河岸上和海岸上都有花岗岩，科学家不但欣赏那些花岗岩里的大粒的、粉红色的长石晶体，他们在研究石灰岩和沙岩里的薄片的时候还要把这些晶体放在显微镜底下看。他们又用更精密的仪器——产生 X 射线的仪器来观察这些晶体。他们发现，在普通的黏土里，在烟筒里的烟灰里——在差不多所有的物质里面，晶体生成的规律都是起作用的。

必须研究晶体的生长。你们可以多拿几种盐来做结晶作用的实验，可以自己想出一些实验的方法，可以使晶体的碎片长成完整的晶体，可以把晶体磨成圆球再让它长出棱角来，你们应该每天去看看自己所培养的晶体，并加以处理，这样，你们才能把世界上那些伟大的有关晶体的规律研究明白。

2.4　晶体和原子的世界是怎样构成的

我们只能看见一定形状的世界；不管我们的目光多么锐利，我们也只能看见小到一定限度以上的东西。

小到我们的眼睛所能察觉的限度以下的东西，我们是看不见的。山、森林、人、野兽、房子、石头、晶体——我们周围的任何东西都可以凭眼睛来辨认清楚。但是，东西或物体是怎样构成的，活物质是怎样由小小的细胞构成的，整个自然界是怎样由更小的小砖块构成的——这一切我们就都看不见了。

我们来幻想一下，想一件办不到的事情：我们的眼睛能够把一切东西放大几百亿倍，而我们自己却还是像现在这样大小，就像格列佛游记里的主人公一样，那时候，我们周围的一切——山、海、城市、树、石头、广阔的田野——什么都不见了，我们就进入了一个新奇的世界。

平面上的晶体格子

我不知道读者们是不是到过这样的云杉林，那里的云杉栽得很有规则：一棵棵大树整整齐齐地排成了行，站在两行当中看出去，可以看得很远很远。请看附图，假定你站在图上圆圈的中心点上，那么你朝前后左右看出去都是一行行的大树。如果你后退一步（退到图里两条线相交的点上）再看，那你就会发现别的方向上的另外几行大树；整个树林在你看来就像是一些奇怪的格子。

假如我们的眼睛把周围的世界放大了几十亿倍，那么我们也会看到像在云杉树林里的那种情形。那样的话，这个世界里再也没有什么物体了：我们会意外地看到无穷无尽的、整整齐齐的、像上面说的那样的一些格子。

在这种情况下，我们所看到的行列就不但要在平面上朝各个方向伸展出去——像在树林里那样，而且还要朝上下、朝各个方向伸展出去。这时候，格子的角上就不是树，而是小小的球体；这些球体仿佛悬在空中，它们相互间的距离是几米或者几十厘米，它们的分布状态也十分整齐。

图书馆、讲堂、俱乐部的大厅里的电灯有时候就挂成这个样子。我们在这样的大厅里就好像在一个特别美丽的森林里。假如我们在这个森林里，偶尔看见某一个地方有一粒或一小撮食盐末，那我们就会看见许多匀称的、笔直的行列，如图所示。

假如我们能够钻到石灰石、铁块或者铜块的小颗粒里去，那么我们所看到的格子就会更加复杂和美丽。

地球上的每一种物质的内部都有一种特殊的格子，这是悬空的小圆球所构成的一个神秘的世

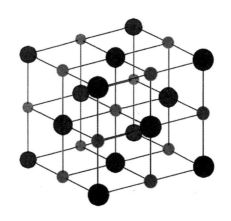

食盐——氯化钠——的晶体结构。大黑点是氯原子，灰点是钠原子

界，我们在这个世界里，除了这些小圆球以外什么都看不见。

在这个世界里，普通的物体和别的东西都会长到好几千千米，我们的手指的直径也会粗到像从列宁格勒到乌拉尔那样长，连一根火柴在我们看来都会粗到 325 千米——相当于从莫斯科到博洛戈耶的距离。

在这个新世界里，除了看不到头的一行行的网、格以外，再也没有其他东西；像是一个个的套环一般——这里到处都有微乎其微的小圆球悬在广大的空间中，而这些小圆球就是物质的奇妙的"点"。

应该把这幅景色对读者说明一下：小圆球按照几何学上极其严格的定律来排成的这些网和格，不是别的，正是我们叫做晶体的这种美妙的东西。

我们的世界差不多完全是由这种晶体构成的，只有少数几种物质里的点才处于杂乱无章的状态。

在我们的结晶皿里生成的那些美丽的晶体，以及我们在山里所遇到的晶体，也正是那些小网的规律的外在表现。我们所说的这个世界里的网、格的构造，已经研究明白了。可是我们还应当更仔细地看看这个世界，我们的眼光还要更加敏锐一些，我们的视力还应该再放大 1000 倍。

把视力放大 1000 倍时，我们就会看见，一个个点相互间的距离已经不是几米而是几千米了，那幅排成网、格的景色已经不见了。现在我们所看见的小圆球已经不是看不清楚的小点：小圆球的本身就是一个完整的复杂的世界。我们的周围有许多小的物体在复杂的轨道上绕着一个中心的核旋转。我们现在可以像《格列佛游记》的主人公一样，到这个非常特别的新世界内部去游历一番。

我们看得出，这些小的物体受着一种力的控制，它们从一个轨道跳到另一个轨道上去的时候会闪出亮光；整个这个新世界像是一个太阳系——许多行星绕着这个太阳旋转。我们平常看惯了的世界里有城市、房子、石头、动物和植物等，现在我们已经把所有这些都忘掉了。方才我们还看见排得整整齐齐的网和格，这些我们也都忘掉了。现在我们所在的地方是物质的原子的内部，我们的周围都是原子里的电子。

我们还能够怎样呢？

我们能不能把视力再增加一些，离开这个原子的世界而进到一个更新的世界里去呢？这多半也是可能的；但是，那个更新的世界是什么样子，我们目前还不知道。

我们要看到那个更新的世界，我们的视力就必须再放大几万倍，那时候我们自己就会处在更小物体的世界里面，在原子核里的中子和像行星绕着太阳旋转一样绕着原子核旋转的电子的世界里面。

我们的世界完全是由各种物质里面小小的原子构成的。整个世界是一个美丽的、协调的结构；在这个结构里，像小圆球似的原子完全是按照几何学的定律排列在广大的空间的。

统治这个世界的，就是晶体和它严格的、一定的直线形的规律。有些晶体比较大，那是完整的、致密的物质，在这类物质里面，无论是原子造成的格子或原子本身的数目都非常庞大，我们要表示这种数目，得在 1 后面至少要写 35 个 0。

也有一些别样的构造，我们用肉眼丝毫也看不出它们是有规则的结构；还有一些物质，它们的颗粒是由几百个或者几千个原子组成的，譬如，烟筒里的烟灰或者金的水溶液就是这样。

我们周围的一切都是由各种各样的原子组成的，原子有构造复杂的，也有比较简单的：现在我们所知道的原子一共大约 100 种。

但是，像最小最简单的氢原子，跟自然界里最重的金属铀的原子，它们的结构是多么不一样啊！

每一立方厘米的物质里面都有数不清的原子，尽管这样，科学家还是看透了、并且懂得了自然界的这一秘密。物理学家和结晶学家就是探索这个秘密的胜利者；《格列佛游记》只是一个旧的童话，而在今天，这些科学家已经把这个童话变成现实了。

第三章　石头的历史

3.1　石头是怎样生长的

石头有它自己的一段特殊的生命史，尽管这段历史跟生物的历史差得很远，这一点我们已经讲得很多了。石头的生命史非常悠久：有时候不止几千年，而是千百万年甚至多少亿年，因此，石头在几千年里积累下来的变化，我们是极难看清楚的。铺路的小圆石和田地里的石块，在我们看来是不起变化的，这无非是因为我们看不出它们所起的变化罢了；其实，铺路的小圆石也罢，田地里的大石块也罢，它们受着阳光的照射、雨水的淋打、马蹄的践踏以及我们肉眼看不见的微生物的作用，都在逐渐变成新的东西。

假如我们会改变时间的速度，会像电影摄影机似的把千百万年里地球的历史以十分迅速的速度拍摄下来，那我们在几个钟头里面就会看到：山岳从海洋的深处升到地面上来，又重新变成低地；矿物在溶化物里生成以后，很快就碎成粉末而变成黏土；无数的动物在一秒钟里就堆成又大又厚的石灰岩；人不到一秒钟就把矿山完全削平，把矿石变成铁板或铁轨，变成铜丝和机器。在这个迅速的跳跃里，所有的东西都在以闪电的速度变化着。这样，我们就亲眼看到了石头生长、死亡和变成其他东西的经过；又看到了所有这些变化像在活物质的生命过程中一样，也都受着特殊规律的支配，而这些规律也正是矿物学所要研究的。

现在我们就从探测不到的地下深处——"岩浆带"来开始研究地球上矿物的生命吧。这个地带的温度比 1500℃略高一些，压力也高达好几万个大气压。

岩浆是大量的物质所生成的复杂的混合物，其中既有溶液又有溶化物。岩浆先在深不可测的地下沸腾着，里面夹杂着水蒸气和好多种挥发性气体，这时候岩浆本身的内部就在进行变化，有些化学元素已经化合成了矿

地壳和各个地带的纵断面

物（然而还是液态的）。到后来，或是由于整个岩浆的冷却，或是由于岩浆进入了比较冷和比较高的地带，使得岩浆的温度低落下去，于是岩浆就开始凝固而析出了各种物质。这些物质里面，有些化合物比另一些先变成固态而逐渐结晶出来，而当时的岩浆基本上还是液体，先生成的晶体就漂在液体里或者沉在液体的底上。已经生成了的固态颗粒在进行结晶作用时有吸引同种物质的力：被吸引过来的同种物质越来越多，晶体也就越来越大，于是所有固态物质都聚集在一起，从液态的岩浆里分离出来。

最后，岩浆变成了各种晶体的混合物，使各种矿物堆聚在一起，这就是我们所说的结晶岩。浅色的花岗岩和正长岩以及深色的、比重大的玄武岩，从前都是整片溶化物的海洋面上的浪涛和飞沫，到后来才凝固的。它

花岗岩体的纵断面，图示花岗岩脉的分支以及析出的各种金属和气体

们在岩石学上一共有好几百种不同的名字，因为岩石学这门科学一直是从岩石的结构和化学成分，来研究岩石过去的深不可测的地下深处所留下的烙印的。

岩石凝成固体以后的成分跟它处在熔化状态时的成分差得很远。在它凝固以前，这个火热的混合的溶化物里含有大量的挥发性化合物，这些化合物的气流猛烈地冒出熔化物的表面；这个火热的熔化物在很长的时期里始终在这样冒着烟和气，直到所有液态的混合物完全凝成固岩的岩石为止。岩石凝固以后，只有极少量的气体还留在岩体里面，另一部分气体已经形成气流升到地面上去了。

但是，这些挥发性化合物远不是都能到达地面的。其中还有一大部分在地下深处被其他的物质包围着；其中的水蒸气凝成了液体，就形成温泉顺着地下的裂缝和岩缝流到地面上来；温泉一面向前流动，一面逐渐冷却，里面所含的矿物也就先后从水溶液里分离出来成为沉淀。气体呢，一部分饱和在水里随着泉水或温泉冒出地面，还有一部分很快就找到别的出路，凝成固态的化合物。

温泉，拿奥地利著名的地质学家修斯的话来说是一种年轻的原生的水流，这是把岩浆的生命和地表的生命连接起来的一条通路。地面上的温泉非常多。这种泉水会从地下深处带上一些地面上完全没有的物质；这种物

火成岩里的空隙——晶洞，里面布满着晶体，这些晶体是在岩石冷却的时候从热熔液里沉淀出来的

质中，有些矿物——主要是重金属的硫化物就在岩石缝隙的四壁上，沿着细小裂缝沉淀出来。这样，地下深处岩浆里的挥发性化合物就有一部分变成矿床，堆成人们想尽办法去勘查的那些矿产。至于水、挥发性化合物、蒸汽、气体和溶液——所有这些物质从地下深处升上来的时候却是一路无阻，并不会在路上变成矿物的沉淀，所以它们就能到达地面，跑到大气里和海洋里去；这种情形在许多地质年代里，一直是这样，结果地面上的海洋和大气就逐渐形成了现在这个样子。

可是我们的空气和海洋逐渐有了现在这样的成分和性质，正是一部完整的地球历史在漫长的时期中演变的结果。

我们是住在地球的表面上。

我们的上方是大气圈，里面混杂着许多种蒸汽、气体、地面上和宇宙太空里的灰尘。在地面上 3 千米更高的地方就几乎丝毫不受地球变化的影响。那里，在银色云层以外，就开始了含氢比较多的区域，而在我们所能研究到的那个最高的界限上，还有氦气的光谱线在北极光的光谱里闪亮着。至于大气圈

巨大的紫水晶晶洞

的下层，就是另一种情形：这里飘荡着火山喷发出的物质小颗粒，有被风吹起来的尘埃，有被沙漠地的狂风卷起来的沙子，——这里是我们的一个特殊的化学生活的世界。

我们的这个世界里有池塘，有湖泊，有沼泽，还有苔原，这些地方都在逐渐地堆聚着腐烂的有机物。这些地方的底部都沉积着淤泥，淤泥里面也都在进行变化：铁逐渐集中起来变成豆铁矿；含硫的有机化合物在氧气不足的情况下，经过复杂的分解作用而形成黄铁矿的结核。微生物在不断地暗中进行作用，产生和聚集了越来越多的新产物。在海里，在一望无际的海水里面，这些作用的规模更大……

现在我们再看地球的陆面。二氧化碳、氧气和水都是支配着陆面变化的有力的因素。陆面上石英质的细沙粒逐渐堆聚起来，越来越多；二氧化碳跟一些金属（钙和镁）化合在一起；陆面下硅的化合物破坏以后就变成黏土。风、太阳、水和严寒都促进了这种破坏作用，每年每一平方千米的陆面上被破坏的物质有 50 吨之多。

破坏作用的范围，一直伸展到土壤下面很深的地方。陆面下 500 米处都还有上面所说的那些变化的痕迹；但一超过这个深度，破坏作用就停止活动，因而出现另一个世界——生成岩石的地带了。

这就是我们在地球表面上所看到的非生物界的生命。我们的周围没有一处不在进行着激烈的化学变化：旧的物体变成新的物体，沉淀上面又加上新的沉淀，生成的矿物逐渐集中在一起，而破坏了的和风化了的矿物又变成另一种矿物，裸

千疮百孔的岩石，这是岩石经过多年风化作用的结果

露的陆地表面也在不知不觉中添上一层层新的物质。海洋的底部，沼泽地里大堆的淤泥，岩石质的河床，沙漠地里成片的沙子——将来所有这些都会消失，或都被流水冲走，或者被风卷走，或者被一层石头盖起来变成地下深处的宝藏。这样，陆面上的生成物破坏以后就逐渐逃脱支配陆面变化的那些因素的作用，逐渐被一层层新的沉积物盖上，而转入地下深处另一种环境里，再度变成岩石——一些全新的岩石。而这些岩石在这里，又会遇到大片熔化的岩浆，岩浆一穿透这些岩石，又会时而使岩石熔化，从而使矿物结晶出来。

地球表面的沉积物就是这样会重新遇到地下深处的岩浆，每一种物质的小颗粒都要在永恒运动的过程中经过无数次这样长途的旅行。

所以石头也是活的，它会变化，会衰老，还会重新变成另外一种石头。

3.2　石头和动物

现在我们知道，石头和动物之间有极其密切的关系。有机体在地球上的活动范围只限于很薄的一层，这就是我们所说的生物圈。固然有些科学家在地面上 2 千米的高空发现过微生物的活的胚，空气流又可以把植物的饱子和菌类带到地面上 10 千米的高处去，南美洲产的一种鹫甚至可以飞上7000 米的高空，但是生物圈很难对大气圈里特别高的地方发挥影响。生物在坚硬的地壳下面的活动范围也不能深过 2000 米。我们发现，只有在海洋里，活的有机体的活动范围才是从海面一直深到海底。可是即使单看我们的地表面，这里生物的分布范围也比一般所想象的广大很多。看了俄罗斯著名生物学家梅契尼科夫（И.И.Мечников）所得到的数字，我们不由得会想：有些生物所忍受到的生活条件的变动要比地面所经受过的变动还大得多。

我想起了一篇族行记里记载的情景，有个旅行队在北极圈内乌拉尔的冰天雪地里看见了一种繁殖力很强的细菌菌落。那些细菌繁殖得非常快，使北极圈内大片的冰面上开始出现一层浮土。美国有一个著名的黄石公园，里面一些温泉的岸上繁殖着几种藻，它们在将近 70℃的温度下不但能够活着，而且会沉淀出硅华来。

生命的范围真比我们所想象的大得多。拿细菌和微菌或者它们的孢子来说，这些生物在 –253℃ –180℃之间都可以活着！

在生物圈的正中地带，在我们所说的土壤这一薄层里面，活的有机体可以特别充分地发挥作用。在 1 克重的浮土里，活的细菌可以有 20 亿 –50 亿之多！大量的蚯蚓、田鼠或者白蚁都在不断地弄松土壤，使空气里的各种气体容易透进去。真的，中亚每公顷的地里有 2400 万以上的比较大的动物（甲虫、蚂蚁、蜘蛛等）！至于微生物在浮土里的作用之大，那就根本无法估计。所以法国著名的化学家柏托雷讲到地球表面的时候，会把土壤说成活东西。

有些比较复杂的生物，它们从生到死都参加生成矿物的化学作用。我们很清楚，由于珊瑚虫的生活怎样构成了整个的岛屿。地质学告诉我们，在地质史上的几个纪里，珊瑚虫生成了许多长几千千米的珊瑚礁，这都是海洋靠近海岸的区域里进行复杂化学变化的结果，都是海水里的碳酸钙堆聚起来的结果。

我相信，石灰岩是苏联境内分布最广的一种岩石；谁要是仔细地看过这些石灰岩，他一定很容易发现，这些石灰岩里含有多么多的生物残体：贝类、根足虫类、珊瑚类、苔虫类、海百合、海胆、蜗牛——所有这些生物的残体都混杂在一起。

大洋里有洋流相遇的地方，时常会突然出现一种新环境，使得那里的鱼和其他生物不可能再活下去。这些生物一死，它们的残体就沉在海底，这样堆聚起来的海底坟墓逐渐生成磷酸盐；从各种沉积岩所含的磷酸盐矿体来看，生物成群死去的这种作用不但在今天进行着，早在远古的地质时代也是进行过的。

有些生物在它们活着的时候就参加了生成矿物的作用，它们会把地球上的化学元素变成新的稳定的化合物，这些化合物的外形有的是动物的石灰质外壳，有的是磷酸盐的骨骼，还有的是硅质的介壳。另一些生物一定要在它们死后，残体中所含的有机物进行分解和腐烂的时候才开始生成矿物。这两种生物不论哪一种都是地质作用上极其活动的因素。地面上矿物的全部特

这个矿石是由泥盆纪菊石一类软体动物的硬壳变成的，产于摩洛哥

征都不可避免地决定于生物界的进化史，现在是这样，将来还是这样。

岩石和矿物的开采，各处工厂的加紧生产，人类文化生活所提出的种种越来越多的要求——这一切就是在今天也已经是改变石头的有力因素了。

人在生产活动中不仅仅在使用地球上的富源，而且把地球加以根本改造：人们每年提炼出来的铸铁将近一亿吨，从种种天然产的矿石里提炼出来的其他金属也有好几百万吨。由于人有改造地球的本领，大自然里一些罕见的矿物，人也能够生产了。

3.3 天上掉下来的石头

1768 年，法国的居民受到了一些奇怪的天象的惊扰。那年，法国境内有三个地方从天上掉下来了些石头，那些受惊的居民不管科学上说些什么，却相信这是奇迹。那次掉下石头的情形是这样的：在傍晚将近五点钟的时候，突然发生了可怕的爆炸声。晴朗的天空突然出现了一块不吉利的云彩，

接着就有一个东西呼啸着落到旷野上，这是一块石头，它落下来以后有一半陷在松软的土地里。农民都跑来了，想把这块石头弄出来，可是石烫得碰都碰不得。他们一害怕就都散了，过了一些时候他们又来看这块掉下来的石头，发现它已经冷却，颜色发黑，非常重，还是陷在那个老地方没有移动……

巴黎的科学院对于这个"奇迹"很感兴趣，于是特别组织了一个调查团到现场去调查，团员里面包括著名的化学家拉瓦锡。然而在当时的科学家看来，天上仿佛不可能有石头掉下来，所以，这个调查团和巴黎科学院先后否认了这块石头是从天上掉下来的。

但是"奇迹"继续不断地发生：石头还是在掉下来，而且有人亲眼看见，因而证明了这些石头的确是从空中掉下来的。于是就有一批人出来反对巴黎科学院的那种保守思想，这些人里面包括捷克

由 NASA 拍摄的美国亚利桑那州巴林杰陨石坑

科学家赫拉德尼，他写了许多篇文章，证明天空中的确会掉下石头来。当然，石头从天上掉下来这件事，也引起了不少荒唐的说法。没有知识的人更把这种石头当做神圣的护身符；还有人常常跑来从这种石头上敲下一小块当药吃。1918 年，卡申市附近掉下了一块石头，农民就把它敲碎，再把碎屑研成粉末用作"治疗"重病的药剂。

现在我们知道，赫拉德尼是完全正确的，他说：从天上掉下石头的事每年都有，有时候是一块块地掉下来，有时候像一阵雨似的掉下来，掉下来的东西有时候是细小的尘粒，有时候是沉重的大石块，这种大石块，偶

尔也会打死人和引起火灾，还会打穿屋顶、陷入田地里或沉在池沼里。这种石头就是所说的陨石。

北极地方的白雪上面按说不会有灰尘，因为城市、道路和沙漠里的灰尘是飞不到这里来的，然而这里的雪地上还是有细小的尘粒，那就是"从天上掉下来的"；拿成分来说，这些尘粒很不像我们地球上常见的那些矿物。有些科学家想，落在地球上的这种"宇宙灰尘"每年有好几万吨甚至好几十万吨，也就是说，这类"灰尘"多得可以装满好几百节车皮。有些陨石是极其巨大的。在美国亚利桑那州直径 1.5 千米的一个巨大的穴口里，人们寻找陨石已经寻找了很久，直到现在只发现了一些碎屑；证明这陨石大概是铁质的，所谓的铁陨石，它所含的纯净的铁差不多重到 1000 万吨，能值 5 亿卢布，但是这块陨石本身一直没有找到。撒哈拉大沙漠里另有一块巨大的陨石，一些阿拉伯人运走了这块陨石的碎屑，现在他们对这块陨石有种种说法，但都没有说清楚它掉下来的真相。1908 年 6 月 30 日，在遥远的中通古斯卡河沼泽地的荒林里掉下了一块巨大的陨石，当时整个西伯利亚的东部都出现了强烈的气流，地面也震动得厉害；那次地球表面受到的撞击，连远在澳大利亚的精密仪器都能测出来；近年来，苏联就这块陨石的问题已经进行了多次有趣的研究。

1927 年，苏联科学院组织了一个调查团，在果敢的矿物学家库利克（Л.А.Кулик）率领下来到这块陨石掉下的地方进行了调查。调查团发现那里整片的树林都倒下来烧光了。当地的通古斯族居民说，那次陨石掉下的情形可怕极了。响声震耳欲聋，强烈的暴风刮倒了树木，许多鹿都死掉，地面也震动起来，而且这一切都是在一个有太阳的晴朗的早晨发生的。这块巨大的陨石究竟掉在哪里，现在我们还不知道，但是我们坚信，人们迟早一定会揭破西伯利亚荒林里的这个秘密的。

那么陨石究竟是些什么东西呢？它们是从哪里飞落到地球上来的呢？我

不打算描述陨石的外观，——读者最好到苏联科学院矿物博物馆去看看，或者请看一下这篇文章里的插图。

至于陨石的内部结构和成分，那是非常奇特的。有些陨石很像我们地球上常见的岩石——虽然其中所含的

"大爆炸"后的通古斯地区

矿物有些还没有在地球上发现过。有些陨石几乎是纯净的金属铁，而铁里面有时候又混杂一点一点的黄色透明的矿物——橄榄石。

不管是铁质的陨石还是石质的陨石，都不是我们地球上的东西，因此毫无疑问，陨石一定是从另一些天体上飞来的。那么是从哪些天体上飞来的呢？也许陨石就是早在月亮的表面处于熔化和沸腾状态的时候，从那个表面抛出来的火山弹吧？也许陨石是在木星和火星之间绕着太阳放置的小行星的碎块吧？再不然就是偶尔飞近地球的一些彗星的碎片吧？这个问题我们还回答不上来，我们现在还不知道这些天外飞来的客人是从哪里来的；目前只有一些大胆的推测在帮助我们想象陨石在辽阔的宇宙太空中的历史。

再过一些时候，我们所积累的知识够丰富了，自然就能把大自然里的这个秘密揭露出来。但是要做到这一点，我们一定要使自己成为一个优秀的自然科学家，一定要仔细研究我们周围的一切现象并加以正确的描述，此外还得把这类现象拿来互相比较，找出它们的共同特征和相异各点。多年前，法国著名的博物学家布丰曾说："必须搜集事实，思想是从事实产生的"，这话完全正确。

而现代的矿物学家也正是在这样做：他们细心地搜集陨石，研究陨石的成分和结构，把陨石和地球上的各种岩石加以比较，然后做出许多有趣

的结论和推测。

1868 年 1 月 30 日，当时的沃姆扎省下了一阵陨石雨，掉下了几千块陨石；那些陨石都不一样大小，外壳是黑的，曾经熔化过；那些陨石有掉在地面上的，有掉在刚刚结了冰的河面上的，但是连薄薄的冰层，它们都没有打穿。

落在美国俄勒冈州的巨大的铁陨石，1906 年运到了纽约。这块陨石重 15 吨多；由于它在地面下埋藏的时间很久，表面上出现了许多不规则的凹陷

还有过一些陨石斜落到地面上（1867 年落在阿尔及尔），但是落下的速度太快，力量太大，结果把一千米长的一条地面打成了一道深沟。通常掉下来的陨石都热得厉害，有时候会热到 2000℃以上，但是它发热的部分只是一层表面，至于内部通常都冷得很——冷到手指一碰上去就会冻僵。常有一些陨石在朝地面掉下的时候，会和空气摩擦而发生激烈的爆炸。有时候陨石在朝地面飞落时会散碎成灰尘，或者像雨点似的掉下来——这样在几千米长的一带地面上都会有掉下来的陨石块散布着。

各式各样的陨石碎块和碎屑都已经仔细地搜集起来，藏在各个博物馆里。全世界有四个博物馆（莫斯科的苏联科学院矿物博物馆，芝加哥的博物馆，伦敦的不列颠国立博物馆，维也纳的国立博物馆）所搜集的陨石是最好的。

关于从天上掉下石头的有趣的故事非常之多，但是没有一个故事能给我们揭露陨石来源的秘密。

下面是 1937 年 10 月 27 日苏联《消息报》刊载的一段消息：

"卡因查斯"陨石运到了莫斯科

9 月 13 日，在鞑靼斯坦共和国境内穆斯留莫夫地区和加里宁地区交界上的"卡因查斯"集体农庄上掉下了一块巨大的陨石，陨石的碎块分落在田野里和森林里，其中的一个碎块重到 54 千克，掉下来的时候，险些把当时正在田里工作的集体农庄女庄员玛甫里达·巴德里耶娃砸死。她离开陨石落下的地方还有四五米远，但是那时候产生了极其强烈的气流，把她推倒在地上，使她受到了震伤。

同时，另一块重 101 千克的陨石碎块落到了森林里，打断了一棵树的几根树枝。这个陨石就因为它掉在"卡因查斯"集体农庄而叫做"卡因查斯"陨石。不久以前，它已经运交苏联科学院的陨石调查委员会。在苏联科学院所搜集的这类陨石里，这块陨石的碎块是最大的，它在陨石登记册上所编的号码是 1090。

跟这块陨石一齐运到莫斯科来的还有另外四块碎的陨石，其中有一块只重 7 克，这是"卡因查斯"地区居民在当地找到的一块最小的陨石。这个集体农庄的所有庄员都积极参加了搜集陨石碎块的工作。

本年 5 月 12 日，吉尔吉斯共和国境内掉下了一块重 3 千克的石陨石。这块陨石是一个集体农庄庄员阿列克－巴依·捷康巴耶夫找到的，所以就叫做"卡普塔尔·阿列克"，它也已运到了莫斯科。这个集体农庄庄员因此得到了奖赏。

★　　　　★　　　　★

我们可以在 11 月里到户外观赏一下黑夜的星空。这时候会有许多星星朝各个方向掉下去，每掉下去一颗星星，天空就出现一道光线。这是因为有些我们所不知道的天体在宇宙太空里从地球旁边掠过去。这些天体只有在进入地球外围大气圈的短暂时间里才会闪亮。我们的周围经常有成百成千这样的流星，但是没有一个流星会在发生星流的日子里朝我们的地球掉下来。流星和掉在我们地球上的陨石，不管它们飞行的情形多么相似，并不是同一种东西。但是，在任何情形下从天上掉下来的石头，也都是我们在寒冷的冬夜里欣赏着的那个星空里的颗粒，也都是大宇宙里我们所不知道的那些天体的碎块。

世界上根本没有奇迹，奇迹只是人们不了解的事物的别名。让我们加强工作来了解这些事物吧！

3.4　不同季节里的石头

石头在一年四季里也会起变化吗？拿生活来说，石头是像一年生植物那样呢，还是比较像多年生的针叶树呢？也许石头会像鸟那样改变羽毛的彩色，或者像蛇那样——每年都要脱皮吧？一遇到这些问题，我们不由得会想抢先回答说：不，石头是死东西，是没有生命的，不管在春天或是在冬天都不起变化。但是我想，这样的答案恐怕有点轻率，因为许多矿物都是在一定的季节里生成的，而且会在一定的季节里起变化。

我们知道，有一种矿物，性质非常特殊，它只能在一定的季节里存在，这就是说，它一到春天就消失，而一到秋天或冬天就又集聚起来恢复原状。这种矿物就是固态的水——冰和雪。乍一听，这话有点奇怪，但我们可以想想，冰有时候也像石灰岩、沙岩和黏土一样，是一些地方的普通岩石。在雅库茨克地区常常可以遇到整块的冰岩，其中的冰往往跟沙子和其他岩石一层层地交叠着。假定我们住在 -30℃ --20℃ 的终年冰冻的地方，那么这里的冰在我们看来就是最普通的石头，它会形成许多岩石和山脉，而它的融解状态我们就叫做水。这里的水我们会觉得它是非常少见的矿物；如果某处的冰偶尔受到阳光的照射而液化，我们都会看了喜欢——正和我们看见火山地区有熔化的硫或者看见温度计里凝固的汞滴而感到惊喜一样。

但是，可以叫做季节性矿物的不止是冰和雪，——这样的矿物多得很：在北极地方和沙漠地带，在春天和秋天我们随处都能遇到这样的矿物。

位于南美洲南端的莫雷诺冰川

春天的莫斯科附近，在春水流走以后的黑色黏土上会出现一片美丽的淡绿色物质：这是一种盐——绿矾，是黄铁矿受到含氧很多的春水的氧化作用而生成的。这种物质像杂色的花纹那样布满在河谷斜坡的面上。但是在来年春天到来以前，第一场雨就把这种物质冲走了。

沙漠里这种颜色变换的景象尤其出奇。我在卡拉库姆沙漠的时候，有一次看见一些盐在这个荒凉的环境里出现得非常奇幻。那次是夜里先下了一场暴雨，第二天早晨盐沙地的黏土表面上出乎意外地密布了一层像雪一般的盐；这些盐的形状有像树枝的，有像细针的，也有像薄膜的，脚一踩就发出沙沙的响声……但是这幅景色仅仅延续到那天的中午，——沙漠地的热风刮起来了，一阵阵的风在几个钟头里就吹散了这些盐花。到了傍晚，我们所看见的这个盐沙地又是那种灰暗的颜色了。

在苏联中亚的盐湖里，特别是在里海岸边著名的卡拉博加兹戈尔湾里，这种季节性矿物的变化更加巨大。在冬天，卡拉博加兹戈尔湾里总有千百万吨的芒硝沉淀出来，被海浪打到岸上来，看去好像一看白雪，到了白天，这些盐又重新溶解在卡拉博加兹戈尔湾温暖的海水里。

但是最奇妙的石头的花朵，出现在北极地方。沙皇时代有一位矿物学家德拉威尔特（П.Л.Драверт）曾被流放到北极的雅库特盐泉地方，他在这个冰冻的环境里一连住了六个月，观察一种矿物的奇异的生长情形：在温

度低到 –25℃的冰冷的盐泉那里，泉边的护垣上总要出现许多很大的六角形晶体，这是一种非常稀有的矿物，叫做"水石盐"；这种矿物在快到春天的时候就散碎成普通的食盐粉末，而临近冬天就又长成六角形晶体。拿德拉威尔特的话来说，"在它那有光泽的结晶图案般的表面上行走，简直令人有亵渎神灵的感觉，它就美丽到这种程度。"

我们读到德拉威尔特谈他找到水石盐以及最初研究水石盐情形的信，真觉得很感动。晶体必须从温度在 –29℃的盐水里分离出来。要确定晶体的硬度，又得在 –21℃的气温中用它来刻画冰块或者石膏。甚至德拉威尔特做化学实验的那间屋子也冷到了 –11℃。

下面就是德拉威尔特叙述他在北极雅库特地方研究这种季节性矿物的情形：

> 我很自然地产生了一个念头，无论如何要给这些晶体造一个型。起初我决定把晶体的形状印在石膏上，然后对石膏模子灌铅。但是没有石膏；我在克孜勒吐斯找到的漂亮而又透明的石膏还在原处放着，不可能拿来用。所以我就出去另找石膏。我在离住处 4 俄里的地方发现了一些很坏的石膏的露头，然而我看见这种石膏已经像看见糖那么高兴了。我把石膏进行了煅烧，捣成了粉末，过了筛并且做完了许多手续，可是哎呀，把晶体按进石膏的时候晶体都碎了，并且熔化了，而石膏在冷处又会凝固，不可能把晶体紧紧裹住。我糟蹋了许多材料，所得到的却是一些可笑的模型。好了，我弄来的石膏都用完了，只得动用茶匙来帮忙了……我们还剩下一点奶油（我们那时候常常挨饿，粮食已经没有了）；得到了同伴的允许，我就用了奶油。原来我想用奶油造了型再灌石膏。这样，我就造成功了几个模型；我把这些模型放到特别冷的地方去让它们凝固；可是两个钟头以后我去看时，模型一个都不见了——都让老鼠吃掉了。我差一点没有哭出来……

能够用来造型的其他材料一样也没有，不然就是我不知道方法。突然我快得像闪电似的想出了一个办法：利用炉火！在我们住的这个半倒塌的屋子里有一个俄罗斯式的壁炉，这个壁炉总是燃烧得很旺，因为烟囱上的风门已经没有了。我把几个晶体，放在炉口前面离火不同远近的地方。这步操作我是戴上了皮手套做的，因为炉火热得不能直接用手挨近。晶体都开始熔融了，失去了一部分水以后，有些晶体的形状还不怎么改变，但是有些都像开花的洋白菜那样分出了许多小嫩枝，使晶体的外形完全改观……

一连几天工夫我都站在壁炉跟前，变换着实验的条件。最后，总算达到了使晶体不变原形的目的。方法是把晶体放在燃烧着干柴的炉口前来烘干，因为承放干柴的炉底上有通风的孔隙，所以晶体里的结晶水很快就经由孔隙逃走了。

雅库特的这种季节性矿物，西伯利亚北极圈里各盐泉中冬天开出的这种奇异的花朵，就是这样研究明白的。

上面我只举了很少的几个例子来说明石头在不同的季节里所发生的显著变化。但是我想，假如我们用显微镜来观察矿物，用精密的化学天平来称出矿物的重量，那么我们还会发现，许多其他的矿物也都过着类似这样的奇异的生活，经常要在冬天和夏天变化形状。

3.5 石头的年龄

石头的年龄能够加以测定吗？"当然不能，"——读者一定会这样回答。因为读者知道，动物或者植物的年龄尚且很难测定，那么，石头能够存在很久很久，在长得无法知道的时间过程内，它的生活的起点和终点当然更说不上来了。但是实际情形并不完全是这样，有时候我们看了矿物的本身就能知道它的年龄。

有一次我到克里木去旅行，在那里研究了萨克盐湖的沉积层。湖里有黑色的淤泥，可以治病，淤泥的面上早就长成了一层石膏壳。为了取出淤泥来进行泥浴，我就设法把这层壳去掉。但这层壳却散碎成了无数细小的针状体和尖角形的小石头。

我发现这些针状的石膏晶体里都有黑色的小线条。把这些针状晶体拿起来互相比较，我很快就看出：这些黑色的小线条在石膏壳里都分布在水平方向里，而且总是层次分明的。这个谜很容易猜破：石膏晶体每年都在生长，特别是在春水泛滥以后的夏天生长，因为春天一发水，浑浊的泥水就从周围的山上流到湖里去，而这些水就使石膏的晶体上出现一些黑色的小线条。每一根线条代表石膏生命史上的一个年头，也就相当于我们在树干的横断面上看得很清楚的那种年轮。想不到这里的石膏晶体就这样说出了自己的生成史——它们的年龄不超过 20 年；再看晶体里比较干净的和黑色的小线条的厚度，我们还说得出某一年的春雨多不多和夏天热不热。

在乌克兰的著名的盐坑里也能看到这一类的年轮，但这里的线条却粗大得多。这里的地面下有一间间被电灯照亮了的大屋子，壁上有一条条不同色调的横条纹，很有规则地互相间隔着。我们知道，这种条纹也相当于年轮：在早已消失了的二叠纪的拍尔姆海沿岸有许多小盐湖，湖里的盐成层地沉积下来，就形成了这些年轮。

然而有一种矿物更加奇异，那就是苏联北部非常多的带状黏土。这种黏土是古代一些湖泊和河流中的沉积物，这些河和湖是从一个巨大的冰川流出来的，那个大冰川大约在两万年以前完全覆盖了苏联北部的地面，它有几处还向南流得很远，甚至流到了俄罗斯南部的草原。根据黏土粒的颜色和大小，可以把沉积的黏土层分为两类：冬天沉积的，颜色比较深；夏天沉积的，颜色比较浅。这样的层次足有好几千，恰好是苏联北部的一个精确的年代表。在地质学家看来，这里的带状黏土就是一部历书，就是描述和记载整个苏联北部的一部编年史。

各种石头的年龄，在矿物学上另有一些测定方法，比较上面说的精确得多。大部分岩石和许多种矿物里都含有镭，镭是一种稀有的金属，它本身就是由其他的金属蜕变成的，而它生成以后又要慢慢地变成其他的元素，特别是变成铅。镭在这个变化的过程中还不断地放出氦气来。镭变化的时间越长，变出来的铅和氦也就积累得越多。只要知道某种岩石含有多少镭，知道这些镭每年会变出多少铅，那么，根据铅的生成量就算得出这个变化已经开始了多久，也就是说，从矿物生成的那时候起已经有了多长的时间。

现在我们大致可以相信，年代最久的矿物和岩石的年龄是在 10 亿 –20 亿年之间。芬兰和白海沿岸的岩石的年龄，多半是 17 亿年。苏联顿巴斯的煤层是大约在 3 亿年前沉积出来的。根据测定了的岩石的年龄，我们已经可能给地球列成这样一个年代表：

太阳系各行星形成	5，000，000，000-10，000，000，000 年前
坚硬的地壳形成	2，100，000，000 年前
最初的生命出现	900，000，000-1，000，000，000 年前
甲壳类出现（圣彼得堡近郊的蓝色黏土）	500，000，000 年前
盾皮鱼类出现（泥盆纪）	300，000，000 年前
石炭纪	250，000，000 年前
第三纪开始和阿尔卑斯山生成	60，000，000 年前
人类出现	约 1，000，000 年前
冰川时代开始	1，000，000 年前
冰川时代最后一期结束	20，000 年前
精制石器开始	7，000 年前

铜器时代开始 　　　　　　　　　　　　　6,000 年前

铁器时代开始 　　　　　　　　　　　　　3,000 年前

现代（公元前） 　　　　　　　　　　　　　0 年前

　　这就是自然史上以往各时期的年代表，它是根据石头的启示而列出的。再往上溯，这个年代表就开不出来了。尽管科学家的求知欲很强，可是他们对于地球史和太阳史以前的事情还是无法知道。上面这个表里的数字也只能是初步的、接近于真实情况的数字，这一点读者也看得出来：现在仅仅是立了一些标杆，试图去测量出过去的时间。人们还要付出许多劳动，还会犯许多错误，最后才能修正这个表里的近似数字，来开出一张准确的地球年代表，才能根据石头的编年史，来认识地球的过去。

　　科学家也还要做许多研究工作，才能实际应用地球年代表，才能使植物和动物的年龄成为测量过去时间的准确的钟表。

第四章　宝石和有用的石头

4.1 金刚石

在一切宝石里面，金刚石是最能发光、最奇异的了。金刚石是任何别的石头都比不上的！它光芒四射，发出彩虹的全部色彩，而它又比任何其他天然产的物体更硬，怪不得人们把它叫做"金刚石"。但是我们不仅能在珠宝店的橱窗里或宝石博物馆里看见金刚石；玻璃工人在切玻璃的时候要用金刚石，许多工厂和作坊也要用金刚石的尖角来进行极其细致的加工工作。金刚石在所谓钻机这类器械上是特别需要的，钻机在悬崖和岩石上钻孔，以便往里面填炸药准备爆炸。最后，要用薄锯来锯钢或者锯断坚硬的石头的时候，要磨薄一些坚硬的金属板的时候，都要使用

雕刻用的刀，刀的尖端上有一粒极小的金刚石

金刚石粉。人们能在山里凿通 10–15 千米长的隧道，能用钻机钻到地面下 4 千多米的深处，又能制造极其精密的仪器，精密到它们所划成的一道道痕迹和线条非用放大镜看不见——这一切之所以可能，也完全是因为人们掌握了金刚石。因此，现在生产的金刚石总有一半以上用在技术上，连最不好的、不透明的以及有裂缝和杂质的金刚石也都有了用处，也就不足为奇了。

金刚石的价值在于它同时具有好几种宝贵的性质。金刚石是最硬的天然产的石头，只有金刚石相互间才能够刻画、切断和磨光[1]。

除了熔化的金属或者熔化的岩石以外，人们所知道的任何其他液体都不能用来溶解金刚石。金刚石在普通的火焰里不会燃烧，只有和硝石熔化

---

[1] 近年来，人类的聪明已经超过了自然界：人已经在炉子里制得了一种叫做碳化硼的物质，碳化硼在有些情况下甚至比金刚石还要硬。但是碳化硼的脆性极大。

在一起时才能在高过 800℃ 的温度中燃烧。最后，金刚石还有一个特殊的性质：它会散射太阳光，也就是说，它会像雨滴那样使天空出现鲜艳的虹彩。琢磨过的金刚石散射出来的虹彩尤其鲜艳，使我们对它发生非常深刻的印象。

但最奇怪的是，金刚石的成分很简单，只含碳一种元素。金刚石不同于普通烟筒里的烟炱，也不同于铅笔里的黑色的石墨，仅仅是因为金刚石里的碳原子是另外一种排列法。

现在，金刚石已经由奢侈品变成技术上得力的工具了。金刚石的每一颗晶体落到人的手里都能发挥作用：最好的、最纯净的金刚石晶体可以磨成钻石；有些金刚石晶体可以嵌在钻机的钻头上，可以制成雕刻用的细针，又可以磨成平的蔷薇花形钻石；还有一些金刚石可以研成粉末用来琢磨其他坚硬的宝石和金刚石本身。就价格说，甚至很小的金刚石粒也比跟它同重量的贵金属——铂和金贵二三百倍；至于大粒金刚石的价格，任何最稀有的元素也比不上。关于这一点，只要想到一件事就够了：南非洲开出过一颗最大的金刚石——著名的非洲之星，重到 600 多克，当时它的价格是 200 万金卢布。

现在每年开采出来的金刚石，价值在 2.5 亿金卢布以上，这个数字在每年开采的天然矿物中相当于铜和银的产量的总值。

有了上面所说的种种原因，难怪金刚石要引起研究家的密切注意，而金刚石的成因和它的人工制法的问题，也就成了具有极大的理论意义和经济意义的问题。

长期以来，人们只知道在一些河流的冲积层里寻找金刚石：印度和巴西产的金刚

玛丽亚女王花束

"非洲之星"

"非洲之星"是世界上最大的钻石，但它只是世界上最大的金刚石矿石"库利南"的最大一部分。这块矿石于 1905 年 1 月，由南非普列米尔金刚石矿山一位叫佛烈德维尔的监督员发现的。他在矿场散步时，在阳光下发现一件闪光物体，起初以为是泥里的玻璃瓶，再仔细观察，他几乎不能相信自己的眼睛，竟然是一块拳头大小的金刚石。后来他因发现奇宝，获得了一万美元的赏金。最后矿石以当时该矿总经理的名字——"库利南"命名。

原矿石是一块晶体不太完整的金刚石块，它纯净透明，带有淡蓝色调，是最佳品级的宝石金刚石，重达 3106 克拉。由于原石太大，必须将其打碎，后由三个熟练的工匠，每天工作 14 小时，琢磨了 8 个月，一共磨成了 9 粒大钻石和 96 粒小钻石。

其中最大的四粒为英国皇室拥有，它们是：

"库利南 I"：为梨形，重 530.2 克拉，后来镶在英王的权杖上，这粒巨钻被称为"非洲之星"。它有 74 个刻面。

"库利南 II"：为方形，重 317.4 克拉，镶在英王的王冠上。

"库利南 III"：为梨形，重 94.4 克拉，镶在英女王王冠尖顶上。

"库利南 IV"：为方形，重 63.6 克拉，它是由分割专家把其中最小的一件钻石分割为二，即"库利南 III"和"库利南 IV"而成。它被镶饰在英女王王冠的边上。

石都是淘洗河沙而取得的。那时候还没有人知道金刚石含在哪些岩石里面。

后来，大约在 100 年前，有一个南非洲的小女孩在当地的沙地里游玩时，首先找到了一颗金刚石。从那时候起，南非洲就成了全世界开采金刚石的中心；现在，整个南非洲的 100 万居民都以开采金刚石做职业了。

地质学家到南非洲去研究的时候，他们很注意当地的一些巨大的漏斗状凹地，这些凹地里到处都是些含有镁和硅酸盐的一种岩石，叫做角砾云母橄榄岩。这些漏斗不但穿透了花岗岩的本身，而且穿透了花岗岩面上好多层各种各样的生成物。可见，当初熔化状态的角砾云母橄榄岩在朝地面升上来的时候，曾经发生过十分巨大的爆炸！这种岩石所含的大量的气体和水蒸气领先开路，冲出了漏斗状的火山口，接着，熔化的岩浆也朝地面涌上来；岩浆本来受着极大的压力，现在压力突然减小，所以岩浆一阵阵涌出得非常凶猛；涌上来的岩浆，有的在半路上就凝固了，有的却把上面那层凝固的壳重新突破，并且把周围岩石的碎块也熔混在一起。这样，喷出来的岩浆凝固以后就生成了类似玄武岩的一种暗色的岩石。金刚石在这种岩石是里分散着的，而且含量极少：每一吨半岩石里，金刚石的含量不会超过 1/10 克。

这种岩石里的金刚石是在什么时候生成的，是怎样生成的？为了这个问题，研究家发生过许多争论，他们作过许多种科学的推测。现在已经搞清楚，金刚石是从角砾云母橄榄岩的岩浆里结晶出来的——起初岩浆在地面下非常深的地方处于熔化的状态，受着极大的压力，那时候金刚石已经从这种熔化物里结晶出来了。

但是，既然知道了金刚石是这样生成的，我们能不能够仿照自然界的样子，在实验室里创造出同样的条件，用人工方法制造金刚石呢？科学家早就费了不少力气，想用煤炭和石墨来人工制造金刚石。

多年前，科学家先后在熔化的银子里和熔化的岩石里制得了人造金刚石，但是从这些熔化物里析出来的金刚石晶体非常小。至于比较大的、比较好的金刚石晶体，到现在为止还没有制造成功。

但是我们可以想象，将来化学家一定会在一些特制的炉子里制得非常纯净的大颗金刚石晶体，而且要多少就制多少。

到了那一天就会怎样呢？

到了那个时候，技术方面就会得到全面改造：用坚硬的金刚石来做的齿、锯、钻等器械，将使机器完全改观；在山上钻孔将变成轻而易举的事；金属也将用金刚石、金刚石锯、金刚石粉来切、来锯、来磨光了……

我们相信，这一切是会实现的。然而在今天，这还只是科学家大胆的、奔放的幻想！

我们不应该忘记，有科学根据的幻想往往不久就会变成现实。应该回忆一下，法国科学幻想家儒勒·凡尔纳在他的小说里所描写的奇幻情景，有许多今天已经变成现实了。

4.2　水晶

拿一块水晶来和一块玻璃放在一起，无论看颜色或是看透明度，它们都很相像。如果把它们打破，它们的断口的棱是一样锐利，断口的形状也是一样。但是它们之间是有区别的：把水晶拿在手里，拿上半天，水晶还是凉的，而如果拿的是玻璃，那么玻璃很快就变暖了。怪不得古代有钱的罗马人如果住在热的地方，就要在家里预备一些大的水晶球体，好让皮肤跟它们接触而感觉凉快。摸着水晶会感到凉快，是因为水晶的传热性比玻璃的强得多，手上的热很快就会传到水晶的里外各处，而玻璃却只有表面传得到手上的热。古代希腊人是不是知道水晶的这个性质，我们不敢说，但是无论如何，"水晶"的希腊文名称是从希腊的"冰"字来的，因为水晶和冰确实非常相像。难怪罗马著名的科学家老普林尼在讲到水晶的时候曾说："水晶应该是由天空里的湿气和纯净的雪生成的。"

水晶是石英的透明、纯净的结晶的变种，石英这种矿物我们随处都能遇到。各处的沙粒，苏联北部花岗岩里半透明的灰色石头，磨刀石的碎粒，乌拉尔所产的小装饰品——杂色的玛瑙或碧石，这都是石英。

纯净透明的水晶晶体，有的很大，常有重到15-20千克的。乌拉尔极北区所产的透明的水晶晶体有重到一吨的 [①]，马达加斯加岛所产的有重到半吨的。因此，一个水晶晶体就足够用来雕成种种整件的物品，例如，莫斯科的兵器库博物馆里陈列着水晶造的茶炊，而维也纳的艺术博物馆里还陈列着一支在雕刻上和格调上极其漂亮的长笛！

在瑞士和马达加斯加岛，水晶是在巨大的地洞——山洞里生成的。不久以前，苏联有一个大胆的矿物学家深入到了很难到达的乌拉尔极北区的荒地，也在那里发现了些藏有透明水晶的"地窖"。

水晶是一种稀奇的、珍贵的石头。我们最好就水晶再多说几句，因为近年来水晶在各方面已经得到了非常广泛的使用。我们已经说过，水晶很善于传热，因此，凡是需要把热很快传走的地方就要用水晶。其次，水晶具有特殊的电的性质，所以好多种电学仪器，特别是在无线电工程上，都要用水晶来制造零件。在制造一些很细致的精密仪器的零件时，水晶是独一无二的原料。这是因为水晶的硬度很大，极难熔化，成分又极其纯净，而且不受酸的腐蚀作用，这些性质都是极有价值的。然而水晶还有另一些宝贵的性质。把它拿来放在电炉里加热，差不多热到2000℃时，水晶就会熔化成液态玻璃的样子；这样，就可以像在玻璃工厂里似的，用液态水晶来制造杯子、管子和板等。从外表来看，水晶制品仿佛和普通的玻璃制品

---

① 这些奇异的晶体已经运到莫斯科，收藏在科学院矿物博物馆里。

一模一样，其实它们并不一样：普通玻璃造的杯子，加热后再扔进冷水里，或者反过来，沸水倒进了冷玻璃杯里，杯子就会炸裂。然而杯子如果是石英质的，就不会这样：即使你把这样的杯子加热到发红，再把它扔在冰水里，它也

乌拉尔极北区所产的水晶晶体

不会炸裂。水晶还有一种奇异的性质——可以把它抽成极细的石英丝。固然，普通的玻璃也可以抽成细丝，甚至可以制成玻璃绒，用来装饰枞树或者用在化学实验里代替滤纸。但是用熔化的石英玻璃抽成的细丝，几乎可以细到肉眼看不出来。把500根这样的细丝并排放在一个平面上才有普通火柴梗的一边那样宽，25万根这样的细丝合在一起才有普通火柴梗那样粗。这样的细丝是把熔化的水晶用很小的弓射出去而制得的！

水晶既纯净又透明，所以古代人早就把它当做上等的材料，来雕刻图章或制造精巧的工艺品了。乌拉尔的斯维尔德洛夫斯克市附近的别列佐夫村里有一些手艺工人，他们会在普通的车床上很快地把石英质的小石子车圆，再制成小珠子。把中心穿了孔的这种珠子50粒到70粒，用线连在一起，就是一条很好看的闪亮的项链，看上去仿佛是用金刚石做的。

现在，水晶在我们的生活里、在工业上和技术上的用量已经越来越多，用途也越来越广，所以人们也就更要设法用人工方法来制造水晶，用实验室来代替自然界了。我们既然能在炉子里用人工方法来制造红宝石和蓝宝石，既然对于千百种盐和矿物的制造都知道得很清楚，那么我们难道就不能在实验室里制造简单的石英晶体吗？要知道，我们这地壳有六分之一的成分是石英，而地球上这种普通矿物在我们的周围生成的晶体有上千种。但

是，要人工制造水晶究竟不是轻而易举的事。长期以来，化学家和矿物学家始终不知道水晶的人工制法。直到不久以前，意大利的科学家才找到了这个谜的答案，在非常复杂的状况下，在特制的结晶皿里结出了美丽、透明的石英晶体。晶体的长度虽然还不能超过 1.5 厘米，可是，正确的道路好像已经找到了；所以我相信，过不了几十年，地质学家就不必再冒生命的危险爬到阿尔卑斯山高峰、乌拉尔或者高加索的高山上去寻找石英的晶体，也不必再到巴西南部干旱的

巴西的水晶蛋（7500 克拉）

沙漠或者马达加斯加岛的冲积地去找水晶了。我还相信，将来的石英工厂一定会把一些过热的溶液放在密闭的大桶里，再用白金丝来使溶液里结出透明的水晶。到那时候，我们需要哪些石英制品，只要给工厂打个电话去订货就成，而矿山工作者也就可以由化学家来代替了！

4.3　黄玉和绿柱石

除了金刚石和水晶以外，还有一些宝石，其中有的是纯净透明像泪珠似的，有的是带着各种漂亮的颜色的——例如黄玉、绿柱石和电气石等。有一种绿色透明的绿柱石特别好看，叫做祖母绿，拿价值来说也跟金刚石不相上下。

我们要问：这些宝石是怎样生成的呢？这些宝石的生成史大概是这样的：

在远古的地质时代，地球表面上经常发生造山运动，熔化的花岗岩岩浆就在这种缓慢的过程中逐渐凝固起来。我们知道，把热的牛奶放在一旁冷却的时候，其中比较富于脂肪的成分就会凝集在上面；同样，花岗岩岩浆在完全凝固以前也会先分成几个不同化学成分的层次，这种作用就是岩

石学上所说的分异作用。在分异作用的过程中，首先聚在一起而结晶出来的是基性矿物，里面含镁和铁很多，剩下来的处于熔化状态的岩浆就含有二氧化硅（石英）比较多。许多种挥发性化合物的蒸汽聚集在这种液态岩浆的内部，还有极少量的稀有元素也分散在整个岩浆里面。此外，岩浆内部还渗透着大量的水蒸气。因此，花岗岩岩浆的表面已经在开始凝固了，可是生成的薄壳上却要出现许多突破的口子和裂缝。聚集在薄壳下面的各种蒸汽因为要不断地突破薄壳，就会为其余的熔化的岩体打开自下而上的通路。聚集在这种由表面冷却作用而产生的裂缝里的是含有大量二氧化硅的最后一部分岩浆，里面渗透着水蒸气和其他挥发性化合物的蒸汽，后来，这部分岩浆按照物理化学的定律逐渐地凝固并且结晶时，就生成了所谓伟晶花岗岩脉。伟晶花岗岩脉从它自己的中心，像树枝那样朝各个方向伸展出去，从各个方向突破了花岗岩岩体的表面部分，还突破了已经凝固的其他岩石的硬壳。这种岩脉的结晶作用大约是在 500℃ –700℃ 的温度下进行的。进行这种作用的物质已经不完全是熔化物，也不是纯净的水溶液，而是大量的蒸汽和气体由于相互溶解和相互饱和而生成的一种特殊状态的物质了。但是这种岩脉的凝固过程很复杂也很缓慢。它要从岩脉的外壁开始，也就是从跟它接触的那些岩石所在的地方开始，然后慢慢地移到岩脉的中心，使岩脉内部处在流动状态的那个范围越缩越小。凝固的结果，在有些情况下生成了粗大的粒状物，里面一个个的石英晶体和长石晶体往往长到3/4 米，片状的黑云母或白云母也会大得像大盘子那样；在另外一些情况下，各种矿物就要按照严格一定的顺序结

黄玉

晶出来，而且通常会生成很奇异的结构，这就是一般所说的文象花岗岩，又叫做希伯来岩。但是，岩脉里的物质并不是在生成美丽的文象花岗岩的时候就已经完全变成固体了。这时候岩壁和岩壁之间还常常有一些空的间隙，这种间隙可能是狭小的裂缝，也可能是巨大的空隙。一切元素和化合物，无经是最初以挥发性的蒸汽状态充满的熔化的岩浆里的，或是含量极少、分散在整个岩浆里的，这时候都会在这些裂缝和空隙里开始结晶出来。这样，空隙和裂隙的壁上就会生成美丽的烟晶晶体和长石晶体。

绿柱石

　　氧化硼的蒸汽凝固以后就含在针状电气石里，使得电气石或者黑得像炭，或者发红发绿，色调极其好看。氟的挥发性化合物一凝固就生成像水那样透明的淡蓝色的黄玉晶体。

　　跟电气石和黄玉相伴而生的有锂云母和海蓝宝石：锂云母有时候生成巨大的六面晶体，里面含钾、钠、锂、铷和铯；海蓝宝石有绿色的和蓝色的，里面含铍。电气石、黄玉、锂云母和海蓝宝石这四种生成物互相错杂在一起，它们之所以美丽而且有价值，完全是因为伟晶花岗岩脉中含有氟、硼、铍和锂这四种主要的、并且极其重要的元素的缘故。这四种贵重元素的每一种在宝石的生成史上都各有各的作用的。

　　有些伟晶花岗岩脉含硼最多，于是整个岩脉里的岩石都贯穿着电气石；另一些岩脉里聚集着大量的铍，于是生成的酒黄色绿柱石晶体就不但充满在文象花岗岩壁的裂缝里面，连整个长石岩体的内部也都致密地贯穿着柱状的绿柱石晶体。

　　伟晶花岗岩岩脉里的各种宝石就是这样生成的。

4.4 一颗宝石的历史

有些矿物，我们只能模糊地想象它们的历史；有些有历史价值的石头，就可以根据文献、根据记载和传说、根据书本和手稿来追溯它们的全部生活；但是还有一些石头，它们会叙述自己的历史。现在我就来谈谈一颗叫做"沙赫"[①]的宝石，它的历史的开头是在神话般的印度，而结尾是在莫斯科。

这颗宝石是在很久以前——多半是 500 年前在印度中部找到的。据说在那个神话时期，曾有几万个印度工人在哥尔贡达河谷里顶着热带的太阳挖掘金刚石沙并用河水冲洗。结果就在各种颜色的石英质石块里面发现了一块奇异的石头，那是一个差不多 3 厘米长的金刚石晶体，颜色有点发黄，可是非常纯净好看。这颗金刚石送进了当时一位邦君阿麦德那革王的宫殿里，就被他收在一只贵重的宝石箱里，跟其他的珠宝媲美。印度的手工艺人为了它特意磨得了一些细碎的金刚石粉末，再用细棍的尖端蘸取这种粉末来给这颗金刚石刻字——经过种种想不到的困难才在这颗金刚石的一面上刻出了几个波斯字："布尔汗 - 尼查姆 - 沙赫第二，1000 年"。就在那一年（照公元计算是 1591 年），印度北部的君主蒙兀儿大帝派了几个使臣到中部各邦去，巩固他对这些地方的统治。但是两年以后，使臣从这些邦带回的贡品很少很少——只有 15 头象和 5 件珍贵的物品。于是蒙兀儿大帝决定用武力征服那些不肯臣服的邦。他派出去的军队征服了阿麦德那革所领有的那个邦，并且夺来了许多象和许多宝物。其中也包括了这颗金刚石。后来，号称"全世界统治者"的德热汗沙赫继承了蒙兀儿帝国的王位。他非常喜欢宝石，而且是宝石的行家；他自己就会琢磨宝石，所以他在这颗金刚石的另

---

① 波斯国王和印度某些伊斯兰教的邦的邦君叫沙赫。——译者注

一面上又刻上了几个艺术字："德热汗吉尔－沙赫之子德热汗沙赫，1051"。

但是，这个君主的儿子——嫉妒心很重的奥连格－捷布，一意要篡夺王位，想把父亲的财富攫为己有。经过长期的斗争，他终于把他父亲因禁在监狱里，而自己做了皇帝，又占有了他父亲所有的宝石，其中也包括这颗金刚石。1665 年，著名的旅行家塔维尔涅到印度游历，他描述奥连格－捷布皇宫的豪华壮丽说：

> 我刚一来到皇宫——德热哈－纳巴德的皇宫，就有两个宝物保管人领我去见皇帝；我在宫里照例行过了礼，就被领到了皇宫深处的一间小屋里，皇帝就坐在这间屋里一个宝座上，他从那里可以看见我们。我在这间屋里遇见了皇帝宝库的保管人阿克尔汗，他一看见我们，就叫皇帝的四个太监去拿宝物来给我们看。这四个太监捧出了两大木盘的宝物，两个木盘都是包金的，盘面上还盖着特制的小毡子，—— 一块毡子是红色的天鹅绒制的，另一块是用刺绣的绿色天鹅绒制的。他们掀去了这两块毡子，把所有宝物点了三遍，还叫当时在场的三个管文牍的人把点过的宝物一一记了下来。

> 要知道，印度人办事十分周到而且极有耐性；谁要是做事匆忙，而且厌烦，别人一看见就会沉默地看着他，把他当着脾气古怪的人来嘲笑。阿克尔汗递在我手里的第一件宝物是一颗大的金刚石；这颗金刚石像一个圆形的玫瑰花朵，有一边非常高。它下方的侧面上有一个不大的凹槽，里面有一个光滑的小平面。这颗宝石的光泽真是好看，重量是 280 克拉。米尔吉摩拉把他的王位让给哥尔

镶在俄国沙皇的金质王笏上的"奥尔洛夫"金刚石。1784 年的工艺品。

贡达邦君的时候，就把这颗金刚石送给了德热汗沙赫（奥连格－捷布的父亲），德热汗沙赫就把它藏起来不再让别人看了；那时候，这颗金刚石还没有加过工，它的重量是900'拉提斯'——相当于787.25克拉，上面还有一些裂痕。假如这颗金刚石是在欧洲，那么欧洲人就会用另一种方法来处理它，不会像东方人这样把它面面都磨光，而只去掉它的一部分，使剩下的部分比它现在还要重些……"

这颗金刚石就是后来镶在俄国沙皇王笏上的那颗著名的钻石"奥尔洛夫"。但是现在吸引我们注意的并不是它。

后来他们又给我看一件宝物，上面有17粒金刚石，有一半琢磨成了玫瑰花朵的样子，另一半是片状的，其中最大的一粒也只重7-8拉提斯，但是当中有一粒是例外——竟重到了16拉提斯。所有这些金刚石的光泽都是一等的，它们都很纯净，样子也都好看，总之，它们在已知的金刚石里面是最漂亮的。接着，我又看到了两颗大珍珠，形状都很像梨，其中有一颗差不多重到70拉提斯，两面扁平，色调非常美丽，样子也惹人喜欢，随后又是一颗很像花蕾的珍珠，约重50-60拉提斯，形状很美，颜色也很好看……

塔维尔涅看到了好多种不同的宝物；但是我们所感觉兴趣的是他对蒙兀儿大帝宝座的描述。这个宝座是用大量的宝石装饰的。内中有半卵形的、贵重的红色尖晶石108颗，每一颗的重量都不少于100克拉；祖母绿将近60颗，每颗重到60克拉；还有金刚石无数。宝座上方的华盖上也有许多宝石在闪烁发光；而在对着院子（对着侍臣）的那个方向还悬空挂着一颗重量达90克拉左右的金刚石，周围有许多粒红宝石和祖母绿围绕着。这颗金刚石所挂的位置正好面对着皇帝的脸，能使皇帝坐在宝座上直接看到它，它的用途大概是给皇帝辟邪的。这个辟邪的宝石正是前面我们所讲的那颗著名的金刚石"沙赫"。除了它的两面已经刻上了字以外，拦腰又刻了一条深槽，这条槽在金刚石的周围绕了一圈，使人有可能用贵重的丝线或者金丝把金刚石系住。

　　从勇敢的旅行家塔维尔涅到蒙兀儿帝国游历以后差不多过了75年了。在这期间，这颗金刚石先是保存在德热哈－纳巴德手里，后来就转到德里，一直到1739年印度被外来的侵略者打败为止。1739年，波斯的纳迭尔－沙赫从西向印度进军，打败了德里，夺去了德里的宝物，也夺去了这颗金刚石。于是这颗金刚石，经过两次刻字以后过了将近100年，又转到了波斯，被第三次刻上了艺术字："符拉底卡　卡德热尔　法特赫－阿里－沙赫　苏丹　1242年"。

　　1829年1月30日，俄国驻波斯大使、著名的作家、《智慧的痛苦》（又译《聪明误》）的作者格里鲍耶陀夫在波斯的首都德黑兰被人行凶刺死了[①]。

　　这个事件激怒了俄国的社会舆论。俄国外交界要求对波斯进行适当的谴责。波斯也不得不设法平息"高贵的沙皇"的怒气。于是波斯国王特派了一个代表团，让王子霍斯列夫－密尔查率领着到圣彼得堡去谢罪，这个王子送给了俄国一件宝物，那是波斯王宫里最珍贵的宝物之一，也就是著名的金刚石"沙赫"……

　　这颗金刚石到了圣彼得堡，就跟其他的宝物一同放在冬宫的钻石收藏室里。三面刻了字的这颗漂亮的金刚石放在一块天鹅绒上面，由宫里的卫士看守着。

　　1914年，第一次世界大战开始。这颗金刚石马上被装入宝物箱送到了莫斯科。所有宝物箱从圣彼得堡运到莫斯科以后都放在兵器库的秘密角落里，和成千上万只装着金、银、瓷器和水晶等的箱子放在一起。

　　……1922年。4月初，天气还很冷。奔流的泉水发出轰隆的响声。我

---

① 格里鲍耶陀夫被凶杀的事件是英国外交官、狂热的神父伊兰和一些波斯的大官实行政治挑衅的结果。——原书编者注

们穿了暖和的大衣，把领子翻了上来，在苏维埃的莫斯科兵器库的冰冻的屋子里走着。我们搬来了五个箱子，其中有一个很重的铁箱捆得很紧，上面还有许多巨大的火漆印。我们仔细看了以后，知道这个箱子是原封的。这个箱子的锁很不好，构造非常简单，一个有经验的钳工没有用钥

金刚石"沙赫"

匙就很容易地开了这个锁；打开箱子一看，里面都是俄国沙皇的宝物，都马马虎虎地包在薄纸里。我们用冻僵了的手把闪亮的宝石一颗颗地拿了出来。箱子里没有清单，也看不出这些宝物装箱的时候有什么一定的顺序。

这些宝物里面夹着一个小纸包，里面有一张普通的纸包着一颗宝石，这正是我们所说的那颗著名的金刚石"沙赫"。

最后谈到这颗金刚石最近的一段历史：1925 年秋天，在一间宽敞的、阳光充足的大厅里为外宾举办了一个"金刚石收藏展览会"，这颗金刚石也是会上的一件展览品。固然这是早已过去的事情，然而这件事情仿佛就在我们眼前，所以我们还能把当时有关这颗金刚石的一切琐碎事情都想起来。

奥连格－捷布的宫殿，纳迭尔－沙赫在德里的财富——这一切比起华丽的橱窗里所陈列的那些光辉灿烂的宝石来，是会黯然失色的。这是因为这里所陈列的宝石都曾亲身经历过好几个世纪的兴亡，亲眼目睹过屈辱和流血的种种惨痛的情景，目睹过印度王公的统治，目睹过哥伦比亚山的神庙里的怪异财富，目睹过沙皇的富丽、豪华和穷奢极欲……

这些宝石里面有一颗在暗红色的天鹅绒上炫耀着它自己的美丽，这就是那颗珍奇的、有历史价值的金刚石"沙赫"。

这颗金刚石的历史在它自己的面上就有记载。

第五章　石头世界里的奇异事物

5.1　巨型晶体

漂亮的小雪花和闪亮的宝石会告诉我们，物质需要克服多么多的困难才能排除妨碍它生长的力量，而形成我们所谓晶体这样好看而又纯净的结构。在大博物馆里，如果有的晶体比拳头或人头还大，我们就会用惊奇的眼光去看它们。我们很难相信还有更大的晶体。

我还记得巴黎近郊的那些石膏开采场。在远古时代，这里原是一些小盐湖，后来湖底陆续沉淀出了好多层由黏土层间隔开来的石膏层。现在这里已经成了石膏的开采地：人们已经把它一层层地开出来，又把每一层断开成许多大块。当时我看到了一大块石膏板，面积大到好几百平方米，在阳光的照射下像一面大镜子那样闪着光，我真是惊奇极了！只要稍微挪动一下位置，从另外一个方向去看它，它就是黑暗无光的。可是视线一跟阳光的照射方向形成一定的角度，它就重新发出耀眼的亮光。这个现象的道理也不难了解：原来整块石膏就是一个极大的晶体啊。

最近我才知道，在150多年前，出使吉尔吉斯－凯撒茨汗国的雷奇科夫（Н.Рычков）远征队也曾因为看到石膏晶体的这种闪光而大为惊奇。

尼古拉·雷奇科夫大尉是俄国的一位著名的旅行家，他曾经在1771年夏天带着部队驻在奥连堡草原，下面是他在旅行日记里写下的两段话：

　　远处发出的闪光使我们的视线转移到了光源那边。我们都不明白怎么会有这样的闪光，可是谁也不怀疑那里有发光的石头，谁都认定应该到那里去找宝物。我们对这个远处发光的地方都抱着幻想。

　　我们催马赶快往前跑。离这个地方越近，闪光就越强。但是我们到了目的地都惊奇的不得了：我们看到的不是宝石，而是一些不同大小的石膏块……

　　希望落了空！这原来只是荒地上的一种奇怪的幻景：透明的晶体在正午把竖直射下的太阳光线反射过来，就使人们产生一种错觉，仿佛有无数的宝物散布在那里似的……

　　长石也能生成极大的晶体。从地下的熔化物里生成的匀净的长石晶体，有时可以大到这样的程度：一个晶体足供整个采石场开采很长的时间。有些花岗岩脉，也就是我们所说的伟晶花岗岩脉，是由充满着水蒸气和各种气体的、温度极高的地下熔化物生成的，这种岩脉的显著特征是里面往往含有巨大的晶体。最大的晶体就产在这种岩脉里面。

　　1911 年，乌拉尔有一个惊人的发现。这里的伟晶花岗岩脉里发现了一个空洞，大到一辆马车都很容易进去。这样的空洞叫做伟晶岩晶洞；据乌拉尔人说，洞里曾经充满过漂亮的烟晶，烟晶长到 75 厘米，洞里还有石英和长石，石英近乎黑色，长石呈美丽的黄色，在石英和长石当中还夹着奇怪的蓝色的黄玉晶体。最大的黄玉晶体重到 30 千克以上，可惜开采时没加小心，被镐头打成碎块了。当然这样的黄玉我们不应该认为是漂亮、透明的宝石。它是很浅的蓝绿色，并不纯净，虽然也是天然生成的晶体，可是不太透明，在外观上一点也没有叫人喜欢的地方。

　　绿柱石也可能生成极大的晶体；它的匀称的六方柱体有时候非常好看，而且坚固，所以它在西班牙往往当做门柱使用。美国产的绿柱石晶体有重到 5 吨的。可惜，所有这样大的绿柱石晶体都不透明，都没有用作宝石的价值，而只能从它们里面提取一种轻金属——铍。不过纯净的绿柱石（也就是海蓝宝石），有时候也能生成巨型的晶体。例如，1910 年在巴西的南部发现了一个海蓝宝石晶体，它是娇嫩的蓝色，而且达到了理想的透明度，长达半米，重达 100 千克。据说这个晶体被锯成了许多有规则的小块，在一连三年当中，海蓝宝石市场上都充斥了这个晶体的小块：全世界所有的海蓝宝石装饰品，几乎没有一个不是用这个晶体的小块制成的。

　　甚至祖母绿，有时候也可能是相当大的。这只要回忆一下苏联的一块著名的祖母绿就够了：这块宝石是绿的，色调非常优美，重达 2226 克。它的遭遇很奇特。它在 1834 年在斯列夫的祖母绿矿坑里发现以后，就被当时的厂长卡柯文

20 世纪早期在巴西发现的巨大的海蓝宝石晶体

藏了起来，后来圣彼得堡派人来突然搜查他的东西，发现了这块宝石，就把宝石运到了圣彼得堡，而倒霉的卡柯文就被关进了监狱，后来他就在监狱里自杀了。但是即使到了首都圣彼得堡，这块宝石也并没有走好运，成为国家的财宝，而是——说得客气些——被"放"在彼罗夫斯基伯爵的书房里，后来又成为秋科秋贝公爵的私人收藏品。1905 年，科秋贝的世袭领地上发生了变乱，这以后，这块宝石被发现在一个公园里，接着又被运到了维也纳。俄国政府将这块宝石买了回来。所以这块祖母绿受到折磨的时间非常长，它的经历非常复杂，现在，它已经在莫斯科的科学院矿物博物馆里炫耀它的美丽了。

　　在这个博物馆里，跟这块祖母绿并排放着的是一大块引人注目的变石，这是全世界最大的变石，重 5 千克，里面包含 22 个晶体，这些晶体昼间显墨绿色，晚上显鲜红色。

　　除了有历史性的那些巨型晶体以外，还有一些很大的石块，它们都是各种彩色石头或装饰用石头的单一岩。

　　例如，有些非常庞大的墨绿色软玉，重达 8-10 吨，到现在还在西伯利亚东部的奥诺特河里被流水冲洗着，等待人去把它们就地锯成小块，来满足工业上的需要。

有一块粉红色的蔷薇辉石更大，重达 47 吨，是在乌拉尔中部发现的。人们经过了极大的困难才把它磨光，做成一个奇异的石棺（"仅仅"重 7 吨），现在这个石棺收藏在圣彼得堡的彼得罗巴甫洛夫斯克大教堂博物馆里。

在塔吉尔河下游附近麦德诺鲁甸斯克发现过一些大块的孔雀石，重达 250 吨（是在 1836 年发现的）。人们不得不把这些孔雀石在地下深处打成两吨一块的小块，再把这些"小"块从地里取出来。冬宫里著名的孔雀石大厅，就是用这些孔雀石块装饰的。

云母也常常生成极大的晶体。例如，在西伯利亚的索格吉昂顿矿坑里发现过一个云母晶体，重 90 千克。而从妈妈矿山管理局所属的矿坑里开出来的白云母——云母的变种——通常都是 1-20 千克重的晶体。

碧石的匀净的单一岩特别巨大，重量常常超过 10-12 吨。

列宁格勒国立埃尔米塔日博物馆收藏着一个有名的、巨大的绿色孔雀石花瓶，雕成它的那块石头重 40 吨。那块石头经过了相当大的困难才放到了圆滚子木上用 160 匹马从阿尔泰的列甫涅夫采石场运了出来，然后经过许多条山路、西伯利亚大公路以及卡马河、伏尔加河和涅瓦河各水路运到了圣彼得堡。

芬兰的地下有一种有名的红色花岗岩，叫做更长环斑花岗岩，是全世界最大的单一岩。圣彼得堡有许多漂亮的建筑物都是用这种岩石装饰的。美丽的涅瓦河堤岸和旧日的一些大教堂也用了这种岩石作砌面材料。

冬宫前院里的亚历山德罗夫斯克柱子本来也是一块单一岩。它原先的重量是 3700 吨，长度是 30 米。即使现在它的长度是 25.6 米，也还是一块最大的石头：连柱脚和上面的天使一共高出地面 48.77 米。以撒大教堂博物馆（在列宁格勒）的柱子高 16.5 米，嘉桑市大教堂的柱子约高 13 米，这是大家都知道的。

我们如果再想一想苏联产的那些最大的自然铂的重量（8395 克）和自

然金的重量，那么我们根据数字就能想到苏联的矿产是多么丰富，各种天然的晶体、金属和单一岩是多么巨大了。

5.2 石头和植物

请看看这张照片：这是什么？是石化了的植物，还是生在石板上的青苔呢？

照片上像树那样的生成物，跟植物也丝毫没有相同的地方。

所有这一类的生成物，由于它们在外观上很像松树枝，所以都叫做"松林石"，在劈开各种成层岩的时候是常常可以看到的。把这种岩石一层层地劈开，常常会在两层当中意外地发现一个精美的画面，上面画着黄色、红色或黑色的娇嫩的细枝。这些细枝常常同时显出不同深浅的色调，仿佛是从同一个根或同一个叶脉里生出的。

矿物的这种十分特殊的生长现象，可以发生的两层岩石当中极小的缝隙里，也可以发生在还没有完全石化的凝胶状物质里——只要这种物质里意外地落入了含铁的溶液就成。

有些科学家曾经在动物胶和胶状物质里滴入了其他的溶液。由于他们的技术高明，结果就在实验室里培育成功了这样的"植物"。我们如果把牛奶滴在半凝结的胶质点心上，也能够看到类似的现象。

印度有一种著名的"苔纹玛瑙"，上面也有这样的小枝，是由绿色、褐色和红色的物质组成的，这些小枝形成了复杂而又奇妙的

由褐铁矿和锰的氧化物形成的松林石

森林，形成了丛生的草、灌木和乔木，就像海底丛生的各种奇形怪状的植物那样。现在我们知道，这些生成物的成因是，组成玛瑙的物质在当初印度地下的液态熔岩凝固的时候本来是凝胶状物质，这些松林石就是在凝胶状物质上生成的。

琥珀，这是石化了的树脂，里面包着昆虫

从前的人常常认为这样的生成物是远古时期存在过的植物！甚至大科学家也做出过种种错误的结论；直到最近，由于科学家做了精确的实验，把这些生成物在实验室里复制了出来，这些生成物的成因才得到了正确的解释。

当然这并不是说，真正石化的植物——树木、叶、根和果实——是没有的。

在许多情况下，我们遇到的石头确实是从前存在过的植物体。这些植物体所含的物质逐渐地、慢慢地被矿物质溶液所代替。这个变化过程进行得非常慢，有时候还进行得非常有次序、有规则，使我们甚至可以用显微镜看出原先的活植物体所含有的那些微小细胞的构造特征。

我们知道，有些成片的树林已经完全石化——变成了玛瑙、玉髓或燧石。在苏联外高加索的阿哈尔齐赫附近，在雪白的火山灰里有非常多的石化的大树桩和大树干。在修巴统公路的时候，这些石化的植物体都被乱堆在山坡上，它们有根有枝，重达好几吨，形状非常奇特。这些由木头变成大石块，我们在今天还可以看到。

在基洛夫市郊的田地里常常可以看到木化石。农民在耕地的时候把木化石聚成堆，把它们叫做魔鬼的橡树，却没有想到这些重达100千克的奇妙的大石块可以用来制造种种精美而有价值的小器皿：裁纸刀、烟碟、小盒和小花瓶等。

石头和植物在它们的
生活里有非常密切的错综
复杂的关系，所以在石头
的世界里——在那生物界和
非生物界之间的界限不显
著的地方，在物体都有各
自的独特生活的地方——就

开采出的巨大的木化石

有许多谜到现在还没有得到解答。

5.3　石头的颜色

你要是到大的矿物博物馆去，或者到列宁格勒的埃尔米塔日博物馆或
莫斯科的兵器库博物馆去，仔细看陈列在橱窗里的宝石，那么宝石颜色的
鲜艳和多种多样就会使你不由得感到惊奇。在整个自然界里，血红色的红
宝石、天蓝色的青金石和石青、鲜黄色的黄玉、绿色的祖母绿或符山石，
在色调上比一切其他矿物都纯净，而又善于闪光。

但是，更使你惊奇的是，同一种石头竟会有不同的颜色。举例说吧，
绿柱石有各式各样的变种：从浅墨绿色到深蓝绿色的海蓝宝石，金黄色的
绿柱石，樱桃红色的、闪亮的红绿柱石，黑绿色的祖母绿，像水那样十分
洁净而又无色的石头，这一切其实都是绿柱石。

尤其奇怪的是电气石。它的晶体很长，晶体这一端的颜色可能跟另一
端的不一样。如果把它纵向切开，就能看到它的切面上成层地分布着非常
多样的颜色：粉红色，绿色，蓝色，褐色，黑色。可是石头颜色的改变还
有其他的原因；有些矿物从不同的方向看就显出不同的颜色。许多宝石都
是这种性质。只要把矿物学家所说的这种多色性矿物拿在手里转着看，就

会看到它的颜色在不停地改变着：从一些方向看是蓝色、绿色和浅灰褐色，换一些方向看是深蓝色或粉红色等。有时候还有更复杂的情况：有些黄玉从这边看显蓝色，从那边看却显酒黄色。其实整个黄玉并没有改变颜色，只是由于它的颜色分布得很特别，所以看起来，它仿佛在改变颜色。石头里的颜色有时候可能分布得不规则，这可以从下述的例子得到证明：乌拉尔产的紫水晶是一种美丽的紫色石头，可是把它放在杯水里，它的颜色就立刻集中在一个地方，整个紫水晶却像是无色的了。

浅红黄色的细纤维状石膏——透石膏，发现于乌拉尔地区

最后，有些矿物还有这样的特性：夜晚在灯光下会改变颜色。有一种宝石叫做变石，非常少见，通常产在超基性岩里，它的这种特性十分显著。它在白天显墨绿色，但在电灯和煤油灯光下，或者单单燃着一根火柴把它照亮一下，它就显暗红色，在太阳的照射下又显娇柔的紫色，还带着浅浅的蓝绿色。

这样的矿物我们知道得并不多。因此，关于变石就有不少的传说。列斯科夫说过："变石在早上是绿色的，但晚间却变成了红色。"

石头的颜色是这么漂亮，所以古代人早就对鲜艳的宝石估价很高，把它叫做大地之花，认为它有一种特殊的力量，能够对人发生影响。那时候的人常常在石头上刻字刻画。有些人把宝石镶在戒指上戴在手指上，有些人又用石头来装饰住所。他们认为，颜色鲜艳的石头具有辟邪的性质，他们把石头跟星星结合起来看，甚至认为石头的颜色能够决定人的命运。

不过我们却是从完全不同的角度对石头感到兴趣的。我们珍视它，是由于它有光泽，会改变色彩，因而显得美丽；我们珍视它，是由于它是优

良的原料，可以用来制造各种用品和小巧玲珑的装饰品，还可以用作建筑物的砌面材料。不过同时，我们也想回答这样一个问题：石头为什么会有颜色，而且它的颜色会是这么变化多端。

这是现代矿物学上最难解答的问题之一。矿物所以有颜色，往往是因为它含有一点杂质，而且这杂质的含量往往是这样微小，即使我们用非常精密的分析方法也不能把它们的含量测定出来。例如，直到现在我们还没有确切知道，为什么紫水晶显紫色，为什么金黄玉显美丽的烟色。固然，近年来我们已经揭开了个别矿物的颜色的秘密。譬如我们已经知道，红宝石显红色，祖母绿显绿色，都是因为它们含有杂质金属铬，土耳其玉的颜色是由于铜，红玛瑙的颜色是由于铁。但是还有非常多的关于颜色的谜始终没有得到解答。石头的颜色有时候也很可能跟杂质根本没有关系，而是由构成石头本身的那些非常深奥的规律来支配的，也就是由石头内部各个原子和分子的分布规律来支配的。在这种情况下，石头的颜色就决定于它的内部构造；例如，青金石的蓝色或乌拉尔产的宝石"贵橄榄石"——翠榴石——的黄绿色就是这样。

但是，不应该认为石头的颜色永远是固定不变的。实际上，石头的颜色有时候不但会自己改变（像开谢的花那样褪色），还可以用人工方法来改变。早在古印度的传说里就有过这样的说法：石头只有在它出土以后的前一段时期是鲜艳而又美丽的，到了后来，它就会逐渐褪色，在阳光的照射下褪得尤其厉害。在挖掘宝石的乌拉尔农民当中有一种迷信的想法，说是把宝石从坚硬的岩石里开出来以后，为了使它原有的彩色保持不变，必须把它放在潮湿的地方收藏一整年，最好是收藏在地窖里。这种想法在从前常常被人嘲笑，可是在今天看来，也有一部分道理：宝石常常会见光褪色，祖母绿和黄玉的颜色会变浅，酒黄色的硅铍石有时候只要过了一个月就会变得像水那样无色而且洁净。

可是有一种矿物更值得惊奇，到现在为止，只知道它产在印度、加拿大和苏联科拉半岛上著名的洛沃泽罗苔原。当你在现场上用锤子把它刚一打碎的时候，你会看到它是一种美丽的深樱桃红色，然而这仅仅是它最初一刹那间的颜色：过不了一二十秒钟，你就会看到它的美丽已经消失得干干净净，它已变成一种单调乏味的灰色石头了。

这种矿物里起着什么变化，我们不知道，可是奇怪得很，如果把这种矿物放在黑暗的地方，那么几个月以后，它就会恢复原来美丽的颜色几秒钟。它的名字是加克曼石[①]，是为了纪念科拉苔原最初的勘查者之一加克曼（Гэкман）而命名的。

以上这些事实，当然不会不引起人们的注意，所以早在古代，人们就开始给石头染色，或者用特殊的方法来改变石头的颜色了。

石头有人工染色的可能性，大概是首先用玛瑙或不太透明的红色光玉髓实验出来的。光玉髓常显不洁净的褐色，可是在火里灼热以后就显美丽的红色。早在2000年前，希腊人和罗马人就利用了光玉髓的这种性质。那时候他们已经会把石头放在各种溶液里煮几个星期，来使石头染上各种颜色。下面是他们煮沸玛瑙的一种常用的方法：把玛瑙放在锅里跟蜜一起煮上几个星期，再把玛瑙拿出来用清水洗干净，然后放到硫酸里再煮几个钟头，结果就得到一种美丽而有条带的黑色宝石——缟玛瑙。近年来，绿色、红色、蓝色和黄色的带状玛瑙也开始用这种方法来制取。现在这一类的方法已经用得很普遍，不染色的天然石头制品几乎没有了，因为石头的颜色总是用各种方法加深过的。

使烟晶改变颜色的方法，跟上面讲的有些不一样。在乌拉尔，当地的农民从古代起就懂得把烟晶放在面包里烤能使它具有金黄色。烤的方法是

① 加克曼石就是紫方钠石。——译者注

把天然的烟晶体放在面团里，再把面团放到普通的俄罗斯式壁炉里去加热。不过加热时，要让烟晶各处受热均匀，使它的颜色逐渐改变。紫水晶用同样的方法烤过以后可以变成暗金黄色的宝石。

现在科学家已经会用比较完善的方法来改变石头的颜色：他们用镭的射线或石英灯的特殊的紫外线照射石头之后，就知道这些射线能够使石头的颜色改变得很厉害，有时候还能使石头的色彩变得很美丽。例如，可以用这种方法使蓝宝石由蓝色变成黄色，使黄玉由粉红色变成橙色和金黄色，使紫锂辉石由娇柔的紫色变成鲜艳的绿色。近年来，这方面的工作做得很多，因此我们可以期望，在不久的将来，我们不但能够学会改善宝石的颜色，而且能够使宝石得到从来没有过的色彩。

5.4 液态石头和气态石头

这个题目里所说的"液态石头"这个词，仿佛有点不合理，因为石头在我们想象中向来都是固态的。可是事实上，有液态的石头，也有气态的石头。问题当然仅仅在于措辞或用语的本身：我们所谓石头或矿物，是指不经人的作用而在地球上自然生成的一切没有生命的物体和化合物。无论是坚硬的花岗岩、铁矿石、湖里的盐、土壤里的沙粒，或是无机界的一切其他部分——不管这些部分是液态的、固态的或气态的，在我们看来都是

海上钻井平台

石头或岩石。物理学告诉我们，实际上，把自然界里的物体分成固态、液态和气态是有条件的，是根据今天周围的温度来分的：假如地球表面的温度不像现在这样，那么自然界恐怕也根本不会演变成现在这个样子。假如我们使地球表面的平均温度降低 20℃左右，那么水就会变成普通坚硬的岩石——冰，而液态的物体恐怕就只有石油和浓的盐溶液了。假如温度再低，气压也相应地降低，那么连二氧化碳也会变成液体，在地表面流动起来。假如地球表面的温度比现在高 100℃，那么我们就会生活的浓密的水蒸气里面。那时候，连固态的硫也没有了——硫也成了液态矿物。

一切都是相对的，因此我们可以谈一谈，在我们今天所知道的自然界里，有哪些液态石头和气态石头。

水、石油和汞是主要的液态矿物。水是最重要的液态矿物，关于它的奇异事物非常多，所以后面我们要单辟一节来讲它。石油，由于它在工业上的用途非常大，我们都很熟悉；我们知道，石油是从地下深处开采出来的，把钻探的工具钻到地下去就可以采出油来。

天然产的液态的汞我们听说得比较少，有时候我们可以在不同的矿床上遇到点滴的汞。在苏联的博物馆里可以看到白色的石灰岩样品或黑色的炭质岩石样品，里面就有这种液态金属的光亮点滴。

除了汞，还有一种更奇怪的金属——镓。看样子，它的确是固态的金属，可是用手握住它，它就开始熔化：手上的热就足够使它变成光亮的液体。但是在自然界里，这样纯净的、天然产的镓是没有的。

气态的矿物恐怕你们听说得更少。可是在包围着我们的大气里，氧气和氮气恰恰就是这样的气态矿物。此外，无论是水里或是坚硬的岩石里都混有大量的气体。

每种结晶岩的碎块，每块铺路的石头，都含有大量的气体，这些气体就体积来说都有石块本身的 7 倍大。在坚硬的花岗岩里，每 1 立方千米所含的水多达 2600 万立方米，氢气多达 500 万立方米，二氧化碳、氮气、甲烷、其他的气体和挥发性物质多达 1000 万立方米。渗透在地壳里的气体也多得很。地下深处的岩浆也罢，任何坚硬的岩石也罢，都长期地含着这些气体。但是到了一定的温度——所谓爆发温度，这些气体就会急速地向外冲出，把岩石块炸成极小的碎片。研究家认为火山的活动就是由于这样的爆发而发生的，因为火山所含的、喷发到地球大气里去的各种气体的分量也就有这么大。许多火山早在远古时代、地球上出现人类以前就已经熄灭了，可是在原先的火山口里以及在这些火山地区生成的湖泊里，到现在还冒着二氧化碳的气泡，这是从前猛烈的火山活动的最后一点尾声。

火山所含的气体有时候是二氧化碳，它饱和在水里就生成味道很好而又有益健康的矿泉，也就是碳酸矿泉；火山里的气体有时候主要是可燃性气体，那就是优良的燃料。

在美国已经把这种可燃性的气体流捕集起来加以利用，现在那里已经有 2 万多处这样的出气口。苏联的伏尔加河下游地区也有许多这种巨大的出气口，喷出来的气体已经成了苏联工业上使用的优良燃料[1]。

一些稀有气体——氖、氩、氦——也叫做惰性气体，经常会以微弱气流和单个原子的形式，大量地散失到大气里去。地球内部的放射性物质慢慢地蜕变着，随时都有很轻的氦气放出来，有的就在矿物的内部积聚千百万年，有的却自由无阻地跑到大气和宇宙太空里去，至于镭射气和钍射气这些重的气体，却是地球上的临时客人。因为它们很快会过完它们的一生，重新凝成固态物质的不太活动的重原子。

在人到不了的地下深处，有岩浆在沸腾着。岩浆里不但蕴藏着从一有宇宙起就开始积累的各种能量，而且还夹杂着从那时候起生成的大量的水

---

[1] 伏尔加河下游地区产生的这种气体已经用管子输送到莫斯科，供莫斯科的工厂和居民使用。——原书编者注

和挥发性元素。在漫长的地质年代里，地球内部的核就在一点一点地失去这些能量和气体，因为这些能量和气体一直在渗入到坚硬的地壳里，打开通路来到地面上，再跑到大气里。

但是，这些气体一从地球里跑出去，同时地球也就失去了这些物质。轻的原子运动得快，它们跑出地球表面以后还能克服地球的引力作用，离开大气圈，离开地球的引力范围，而飞逝到我们几乎不知道的星际空间里去。

以上就是地球上若干种流动性矿物的历史。

5.5 硬石头和软石头

凡是石头都是一样硬的吗？是不是所有的石头都得用锤子才能打碎，或是其中有些也能用剪刀剪断呢？我们在日常生活里，觉得所有石头好像都差不多一样硬，而实际却不是这样。这一点，只要拿一块石灰石和一块石英来比比，就很容易看出来。因为石英比石灰石要硬得多，你可以在石灰石上划出痕迹，甚至可以把石灰石剪断。

实际上，石头的硬度确实是不一样的。最软的是滑石，你很容易用指甲把它抓伤；又可以用它来制造十分细软的爽身粉。金刚石却完全相反。金刚石比一切其他矿物都硬。古代有一种传说一直流传到现在，说是古罗马的皇帝十分相信金刚石的硬度，曾经对奴隶许过这样的愿：奴隶当中，谁要是能够把金刚石晶体放在铁砧上用锤子敲碎，就赏给谁自由。但是，我们自己如果来做一次这样的实验，就知道根本不必使用大锤子，只要使用一个很小的锤子，就能把金刚石一下子打成许多碎块。

尽管这样，金刚石还是最坚硬的石头：怪不得人们要用它来切玻璃，要用它在金属和其他的石块上刻细小的字迹，在开隧道的时候要把它镶在钻头上来钻穿一座座的大山！

石头的硬度和韧度并不是一回
事：金刚石很脆，可是很硬，至于其
他的石头，固然可能很软，然而韧度
却非常大，因而极不容易破裂。这只
要用普通的软木塞来做比方就够了：
我们能用剪刀把软木塞剪断，却很难
用锤子把它敲碎。

可是有一种石头坚固得很出奇，
这就是玉。玉在东方常常被认为是次
等宝石，而在中国却把玉看做能够辟
邪的东西。

早在远古时代，人们就发现了
软玉的性质。他们常常在河岸上挑选
最坚固的小圆石，就在这时候注意到

卢塞恩（在瑞士）的冰川花园。重达 6
吨的巨砾被水流冲得转动起来，把致
密的砂岩磨出了许多"大锅"。"大锅"
的直径大达 8 米，深达 10 米

了软玉。为了寻找软玉，人们一定到过很多远地方；人们用软玉换过金子
和宝石，用软玉造过斧、刀、箭和其他的石制品。墨绿色的软玉相当漂亮，
它是由阳起石这种矿物的细丝和纤维密密交织而成的。正是由于软玉里有
这样交织着的物质，所以它不但硬度很大，连韧度和坚强度也大得出奇。
这一点的证明很多：譬如你即使用最好的钢锤也很难从软玉的石崖和碎片
上打下一小块来。用软玉制成的小戒指，落在地上，甚至落在石头上也不
会碎；压碎软玉块比压碎最好的钢块还要多费 15% 的力气。

坚硬的石头已经越来越广泛地用在许多种工业部门的技术方面，这
是一点也不奇怪的。玛瑙已经用来制造平天的支刃，因为天平的梁在玛瑙
制的支刃上来回摆动决不会把玛瑙磨损。在许多仪器和罗盘里，迅速转
动的轴的尖端都要支在磨光了的小孔里，而这种小孔就是在坚硬的玉髓或

红宝石上挖成的。皮和纸都要用硬石头（碧石、花岗石）造成的轧辊来辗光。此外还有用石头造成的特殊的快刀，珠磨机里砌面的石板和研磨的石球……我真不可能把坚硬石头的多种多样的用途一一列举，这些坚硬的石头已经由珍贵的玩物逐渐变成机器里贵重的零件了。

测定石头的硬度是我们矿物学上最重要的课题之一，因此，凡是有矿物收集品的人，我们都要劝他研究一下这个问题，想想哪一种矿物比较硬。

5.6　纤维状石头

请看这幅图。很难相信图里的是一种特殊的石头。这种石头形成的细纤维非常好，也像一切其他纤维那样可以纺线。这种石质的纤维还有一种非常奇特的性质：放在火里也不燃烧（但是在水里很快就会沉底）。这种石头叫做石棉。

不要以为只有你们对于这种石头的性质觉得奇怪。早在古代，人们就在山地里发现了它，因此，关于这种石头的各种奇奇怪怪的传说和神话很多，是一点也不奇怪的。

老普林尼是古罗马最伟大的博物学家之一，他说过："有一种石头可以织布，它产在产蛇的印度沙漠里，那些地方从来不下雨，所以它习惯于在炎热里生活。用它可以制造寿衣给死去的领袖穿上，举行火葬；用它可以制造宴会上用的餐巾，这样餐巾可以放在火

石棉矿石，产于乌拉尔地区

上烧红。"

过了 1000 多年，著名的旅行家马可·波罗也记述了这种物质——石棉："这种物质存在火蛇体内，把它扔在火里也不燃烧。可是我在无论哪座山里也没有找到这种以蛇的形状生活在火里的火蛇。来自山里的这种石化的物质含有许多像羊毛一样的纤维。把这种物质先放在阳光下晒干，再放在铜器里捣碎，然后放在水里，把里面的土粒完全洗掉。这时候就可以把它纺成线，再织成布了。为了使它发白，可以把它放在火里烧，过一小时从火里拿出来，它就变得雪白。可是质地不变。以后它再脏了，可以用同样的方法把它烧干净，而不必用水洗。"上面两段话固然都是不尽可靠的，可是在古代世界，显然有些地方的人的确已经会用这种矿物的纤维来制造石棉制品和织品，尤其是给油灯制造不会烧掉的灯芯。

到 18 世纪初，石棉已经开始得到比较广泛的应用；在这时候，它在比利牛斯半岛和匈牙利甚至开始用来制造纸张和灯芯。

1785 年，福克塞就所谓石板纸的性质开始进行实验，这在当时曾经引起很大的轰动。许多人对这次实验寄予了很大的希望。斯德哥尔摩的科学院资助了福克塞，瑞典政府授权福克塞在国王的作坊里做实验。实验在斯德哥尔摩一个特别盛大的场面中进行过一次，后来又在柏林重做了一次。实验是这样做的：准备一间小屋子，墙壁上遮上所谓石板纸，屋里堆满铊花，点起火来，结果，不能着火的石板纸保护了木板壁，防止了火势的迅速蔓延。这样，就确凿证明了石棉在建筑上作为耐火材料的用途。

就在这个时候，在意大利的毕蒙特兴起了一个新奇的生产部门。爱丽娜·培朋蒂在一连几年里研究着石棉织品的制法。最后她研究成功了，于是就用这种矿物编织极细的花边。1806 年，意大利工业奖励协会因为培朋蒂发明石棉的织法，曾奖给了她荣誉奖章。她又制得了一种石棉纸，上面可以写字，意大利政府顾问莫斯加蒂曾经用这样的纸印了贺年片寄给意大利的一个总督。培朋蒂的功绩是：她制造的石棉制品很坚固，是用纯净的石棉制造的，里面没有夹杂亚麻纤维，因而不必再用火去把亚麻纤维烧掉。培朋蒂用石棉制成了带子、口袋、纸张和细绳，甚至制成了袖头。

　　从那时候起过了 100 多年，石棉的开采和加工成了世界上一个最大的工业部门。每年开采的这种石质纤维超过 30 万吨。可是这个数目还不够。石棉的用途一年比一年大，在许多情况下，都非用它不可。它非常结实，不能燃烧，不善传热，又能跟多种多样的物质混在一起，因而可以把它制成棉花、细纱、纸张和厚纸板的形状来使用。人们用石棉来制造剧院里的大帷幕、不能燃烧的安全隔板和屋顶、防火衣、汽车的制动带和精炼纯酒的过滤器。石棉已经成了工农业方面千百个部门所最喜爱的材料。

　　上面我讲的是人们学会开采和加工石棉的经过；但是在俄国，石棉的加工事业——石棉在俄国叫做"石亚麻"——却有一段特殊的发展过程，而俄国人用石棉也比外国人更早。

　　1720 年，在从前叶卡捷琳堡也就是现在的斯维尔德洛夫斯克附近，初次发现在"稀奇古怪的其他天然产的和各种古代遗留下来的东西当中有石质的麻丝"——那是在培什马河岸的暗绿色岩石里面。后来在涅维扬斯克的池塘附近也发现了这种很容易用手扯成细纤维的稀奇的矿物。这一次发现立刻引起了当地企业家的注意，从那时候起，涅维扬斯克就根本不依靠意大利石棉业的成就而自己开

石棉纤维的显微照片

始用"柔软的石棉纺线，再用纺得的石棉线来织布，做帽子、手套和口袋等，还用来造纸"。19世纪初，谢维尔金院士对于这一有趣的制造业，曾经有过这样一段叙述：

> 为了这，他们要锤打成熟的石棉，再用洗涤法来分离锤落的粉末，这样做过以后，剩下来的就是一团柔软的细丝，这也就是所谓石亚麻。石棉可以跟细的亚麻混在一起纺线，而在纺过以后，或者在编织的时候也一样，要用多量的油。这样的制品一煅烧就可以把油和亚麻烧掉而变得相当柔软，因而可以洗涤，可以熨平。用脏了，一煅烧就又干净。这种制造业后来固然停止了，可是乌拉尔直到现在还有许多西伯利亚人会制造这样的东西。

从那时候起，过了150多年，石棉制造业已不再是18世纪生产的旧规模了；在现在乌拉尔的多森林的苔原上，石棉制造业成了苏联最发达的工业部门之一。现在那里有成千的工人，兴建了许多小城市，城市里有俱乐部、工人住宅区、大工厂和深矿坑，还有堆积如山的废石堆——从岩石里取出石质麻丝这种贵重纤维以后剩下的废石头。到处都有机车在喷着烟，净化工厂的电装置在呜呜地响，整列的火车在把一袋袋选出来净化了的纤维运到巴热诺沃车站去。

乌拉尔山蕴藏的石质麻丝非常多，还足够全世界工业使用好几百年，这种石头并不是生在火蛇的背上，而是生在乌拉尔山的一种绿色岩石里，这种岩石的名称叫做蛇纹岩。

5.7 层状石头

有一类矿物叫做云母，可以用小刀小心地把它们一层层地劈成许多薄片。可是无论劈得多薄，得到的薄片总是还可以劈成更薄的片。不但我们所说的云母具有这种奇异的性质，滑石、石膏和其他许多种石头也都有这种性质。因此，这种性质早在古代就在人们的日常生活里和工业上得到了应用。云母在最初的用途是代替窗玻璃。

在 300 年以前，玻璃还很少，人们还不会制造大玻璃片，那时候苏联北部白海沿岸就开采云母来安在窗框上。例如我们知道，安在克姆斯克大教堂窗上的就不是玻璃，而是云母，

伊凡雷帝时代安在窗框上的云母（白云母）

这样的情况延续了相当长的一个时期。从前石膏片的用途，跟今天在北极地方的冰的用途一样：在冬天，北极地方的人如果手头没有玻璃，又没有很好的、透明的石膏片，就把这透明的冰片安在窗框上面。

苏联产的最好的云母在旧俄时代曾经向西方大量输出；有趣的是，那时候西方把俄国叫做莫斯科国，于是就把俄国输出的云母叫做莫斯科石。

可是从那时候起，玻璃制造业的情况改变了，没有必要用云母来代替玻璃了。同时人们却在电工业上给云母找到了许多新用途，因为电火花很不容易穿过云母。云母这种东西，在苏联的卡累利阿、科拉半岛、西伯利亚和妈妈苔原的坚硬花岗岩里蕴藏得很多。云母这种电气化需用的材料并不缺！你只要学会从花岗岩上小心地把它分出来，用小刀"劈开"，再把云母片好好修整一下，就可以装箱运往各电工工厂去了。

近年来，人已经学会用各种金属——镍、金、铂、银——制造薄片了，这样的薄片一百万张叠起来只厚一厘米；怪不得这种薄片是透明的；例如，金箔显出美丽的浅黄色或绿色。最近人又学会使用热胶来粘结极薄的云母鳞片，再用热的压机压一下，结果就制成了大片的云母，这就是所谓米坎

尼特（人造云母）。人造云母在外观上跟天然云母没有区别，只是不耐高热。人造云母在电工业上可以用作很好的绝缘材料。

5.8 可吃的石头

有可以吃的石头吗？当然有，那就是食盐——也就是岩盐，此外还有硝石、苦土、芒硝和其他。

有非常多种的盐，我们或者把它们跟食物一起吃下去，或者把它们制成各种药剂来服用。但是，可吃的石头还不止这些，我们还能举出很多惊人的例子来说明人们曾经吃过各种石头，或者把各种矿物掺在食物里用作药饵。

早在中世纪，就有人在面粉或面包里掺过矿物质，这主要是为了减少纯净面粉的用量。那时候掺在面粉里的各种矿物质是白色的，呈疏松的土状构造，或者是事先研成了粉末的，这样的矿物质有重晶石、白垩、石膏、菱镁矿、黏土和沙子等。

重晶石非常容易研成粉末，它又便宜又重，所以从前的人常常把它掺在按重量出售的商品里，特别是掺在小麦粉里。例如，德国有过一个时期掺假的面粉非常多，为了消灭这种现象，甚至禁止开采重晶石。

为了多赚钱，从前的商人常常向牛奶和酸奶油里掺白垩、石灰和苦土，向牛油里掺明矾、食盐、黏土、白垩和石膏，向干酪里掺石膏、白垩和重晶石；那时候的可可和巧克力糖里有时候也混有赭石、重晶石和沙子之类的杂质。掺在蜂蜜里的杂质有黏土、白垩、石膏、沙子、滑石和重晶石。掺在糖果点心里的有石膏、重晶石、滑石和黏土，掺在糖里的有石膏、白垩和重晶石。

各种矿物杂质，即使它们对人的健康没有损害，也还是不好的，因为这些物质都没有营养价值。

在古代，许多国家都发生过人吃土的事情，这在历史上是有记载的。

不管这样的事情是多么奇怪，可是事实上，地球上有许多地方确实有一些爱吃岩石的人：他们吃了岩石会感到满意，有几种岩石在他们看来是特殊美味的食物。

例如，在中美洲，还有在哥伦比亚、圭亚那和委内瑞拉，有许多爱吃土的民族。尽管他们根本不缺乏其他的食物，他们还是要吃土。

非洲塞内加尔，产一种浅绿色的黏土，原住在那里的黑人吃着蛮有滋味。他们移居到了美洲以后，还在当地极力寻找这样的黏土。

在伊朗，吃土是一种普通的习惯，那里的市场上，即使在通常丰收的年月，也要在出售各种食品的同时，出售能吃的岩石：马加拉特的黏土和吉维赫的黏土。马加拉特的黏土是一种白色物质，摸起来有滑腻的感觉，在嘴里会粘住舌头，当地的居民特别爱吃它。

古代的意大利也有这种吃岩石的例子，那时候的意大利居民非常普遍地吃着一种叫做"阿里克"的饭，这是一种把那不勒斯地区开采的柔软的泥灰石同小麦混合起来做成的饭，这种饭里因为混入了泥灰石就显白色，而且很软。

西伯利亚鄂霍次克地区的居民，从前吃着一种混合了黏土的特别的饭。根据18世纪末著名旅行家拉克斯曼（Лаксман）的记述，这种饭是把高岭土和鹿奶混合起来做成的。那里的居民把这种饭当做珍馐，用来招待各地来的"尊贵的旅行者"。

我们看了上面的例子就能知道，可吃的石头是非常多的。这些可吃的石头具有多大的营养价值，是另一个问题；可是毫无疑问，就松软和柔和的程度说，这些石头当中有许多种是非常可口，可以给某些食物调味的。此外还有一些石头可以用作有效的药剂。

5.9 生物体内的石头

石头是非生物界的一部分。因此，虽然我们知道石头的生成常常跟生物的生活或死亡有关系，我们还是把石头跟生物的本身、跟生物体内发生的各种生活作用划分清楚。

但是这个常规有许多例外：动植物体内有一些真正的、典型的石头，这些石头具有矿物或晶体所有的一切性质。

动植物体内的这类生成物，用显微镜来观察植物体的细胞时就能发现。我们常常能够看到植物细胞里有形状十分美丽的晶体、合生体和球体，由草酸钙或碳酸钙形成的这类生成物尤其多。在马铃薯细胞里，我们可以看到蛋白质的晶体；在某些藻类的体内，可以看到石膏的晶体。植物细胞内所含的矿物质，我们可以说出很多种，它们在植物细胞里积累的数量有时候也相当大。

矿物质的生成物在动物体内积累得更多，形状也比较大，这无论是在健康的动物体内或是在害着某种病的动物体内都是这样。在健康的动物体内有很多种极小的结晶生成物，例如我们知道，在某些动物的眼睛的脉络膜里，在坏死的骨细胞里，都有这样的生成物，还有在乳腺里有乳石，等等。在有病的动物体内，难溶的盐——主要是钙盐——会生成矿物质生成物而淤积在这些动物体的组织、体腔和导管等里面，这些生成物都是非常严重的结石。肝脏里有胆石和膀胱里有尿石常常给人带来很大的痛苦。

可是，积聚在生物体内的最奇异的"石造"物质，当然是各种软体动物的介壳、放射虫的针和骨骼、珊瑚虫体内复杂的间壁和外部的壳；要知道，正是这些动物大规模地进行着硅石、特别是碳酸钙的沉积作用。许多地方的整片山脉和大片岩石都是由于这些动物进行了生活作用而形成的。

美丽的珊瑚礁

而在有一厚层珍珠质的贝类所生成的各种沉积物当中，我们知道真正了不起的生成物只有一种。

我所谈的是珍珠。在离现在还不很久以前，人们曾经作过仔细的观察和精密的实验，因而搞清楚了珍珠是怎样生成的，和在哪些条件下生成的。大家知道，珍珠是包在各种海水和淡水的软体动物的介壳里的。一般地说，凡是能够分泌珍珠质的软体动物都能生出珍珠。珍珠质和珍珠是同一种物质。珍珠是在特殊条件下生成的珍珠质。软体动物的外皮层在正常条件下会分泌出珍珠质来沉积在介壳的内表面上。如果壳里落进了一种外来的物质，譬如一个寄生虫或者一小粒沙子，珍珠质就会围绕着它像围绕着一个核似的成层地生长，终于长成一粒珍珠。

很久以前，人们已经知道外界的物体进入壳内是珍珠生成的原因，并且曾经试用人工方法来这样得到珍珠。中国人早在 13 世纪就作了这种尝试。18 世纪，大家知道有过林奈的实验，他把各种物体放进贝类体内的实验。在中国，就在现在还有人在春天收集贝类，把骨头、木头或金属的各种细小的制品放进活动物的贝壳里，让他们留在里面，等过了几年之后，这些东西外面长满珍珠质了，再把它们取出来卖钱。

但是日本的研究家御木本幸吉并不满意于这样的珍珠，他想无论如何要获得真正的、从各个方面看都很匀称的珍珠。他作过多次的努力和实验，经过多次失败，才达到了目的。1913年，他终于从贝壳里取出了第一颗用人工方法培养成功的珍珠。从那时候起，御木本的事业得到了极大的发展。1938年，他的人造珍珠培养场里差不多已经有了500个工作人员。御木本首先大量收集了上等的软体动物，设立了培养场，让它们在培养场里繁殖，以便进行必要的观察。日本的英虞海和横须贺湾都不大，虽然连着大海，可是受不到强风和海浪的侵袭，御木本就在这两个海湾里

以捞取海底贝类为业的日本"海女"。

被誉为"珍珠之王"的御木本幸吉

设立了许多处很大的水下培养场。他在海湾底上分布着软体动物的地方放了一些石块作为软体动物附着的地方，又不时地清除掉海湾底上对软体动物的有害的其他动物。这样他就为这些软体动物的发育创造了有利条件。只

有长大了的贝壳才收集在培养场里。许多日本妇女——所谓"海女"——常常潜入海湾，在水面下停留两三分钟，把幼小的贝壳收集在提篮里，然后把它们倒进铁丝笼里，沉到水里去。

用这样的方法来处理，贝壳就不会受到它的敌人的伤害，又可以经常得到观察，而如果发现它们所处的条件不利，还可以给铁丝笼挪动位置。贝壳长大之后，可以改放在大的铁丝笼里。生长了三年的贝壳，就用御木本发明的方法来处理：把贝壳里软体动物的表层小心地剥下来，别使组织受到伤害。这个表层对于珍珠的生成是必要的。其次，用这个表层包住一小粒磨得十分匀整的珍珠质小球，然后把这表层系紧，使它形成一个"珍珠袋"。把这个袋放进另一个贝壳里，将来这个贝壳里就会生成一颗珍珠。培养的贝壳经过这样的处理，势必有一半死掉；这种操作的本身又很复杂和细致，需要做得十分小心，还要有高度的技巧，而结果能不能成功还不敢说。

经过处理、应该有珍珠生成的贝壳，都放在大的铁丝笼里。每一笼放100-140个。所有的笼都有确切的记载。然后每60个笼用一只木筏吊住，沉入水里，每12只木筏连成一排，这样，每排木筏下面至少可以有7万个贝壳。

沉在水里的笼，每年从水里提上来两次加以清洗。在全部时间里，要对海水的温度、海流和这些软体动物所吃的浮游动物进行切实的研究。采用移动木筏、把笼沉入水中和提上来等方法，就能给贝壳提供最有利的生活条件，也就是生成珍珠的最有利条件。贝壳留在水里的时间是7年，一定要满了7年才能从贝壳里取珍珠。

御木本的有趣的实验，教会了人们利用生物来培养石头。这个想法已经很有趣，可是，科学家将来还可能更加广泛地利用动物来达到自己的目的。培养了合用的细菌，我们将来就能在一些大池里用盐类溶液来制自然硫。培养了某些微生物，将来就能从无用的含氮的废物里得到硝石，而且需要多少就能得到多少。在湖里培养硅藻，将来湖底上就会沉积出纯净的蛋白石，湖水也会变成非常纯净的铝矿石溶液。至于用某些微生物来给田地施肥，现在已经在试着做了。

我想，这幅幻想的图景是会实现的，而且可能很快就实现，这样，微小的细菌世界也就要为科学家的无往不利的智慧服务了！

5.10 冰花和冰

冬天到了，冷气来了。我一清早起来，看见整个窗户都冻上了花纹；一些奇形怪状的枝条、叶子和花朵，在窗玻璃上弯弯曲曲地构成了美丽的图案，在这些枝条的对面，又有枝条下垂着，上面长着同样的花朵。窗外下了雪，美丽的雪花像绒毛似的铺满了地面。多年以来，雪花落到了我的大衣袖子上，我总要欣赏它的美丽的轮廓，总要盯着这种六角小星星的尖端看。河流两岸全都冻上了冰，桥下垂着水滴冻成的乳头状的冰柱……

为什么我要描述冬天的景色呢？这跟我们的矿物学有什么关系呢？原来我是在叙述，我怎样在一个美丽的冬天早晨，观察了自然界里最重要可是研究得很不够的矿物之一的形成的基础，这种矿物就是冰，而我所描述的，只是冰也就是固态的水在外观上能够采取的种种不同的形状。

窗上的图案和单个的雪花，都是这种矿物所形成的美丽的小晶体。固然，由于晶体生成

在窗玻璃上生成离奇的叶状冰晶体

得非常快，所以它们并没有生成各方面都很规则的大晶体，而只生成了我们所谓晶骸这种东西。无论是冰川里常年封冻的万年雪，或是河面上结成的冰，却正是由这样的小晶体形成的。

固态的水是暂时的矿物，是定期出现的矿物，可是我们知道得很清楚，冰在世界上的一些地方非常少见，在另一些地方却又永远不化。例如，在炎热的南方几乎看不到这种矿物，在伊朗的首都德黑兰，人们专门用黏土筑了水池，还在池子的周围垒起高墙来防止池水受到阳光的照射。在难得的发生微冻的夜里，这里池水的表面才会结成薄薄的一层冰，这时候，人们就不等冰在昼间融化，抢先把它小心收集起来，运进特设的地窖，用一层黏土严严地盖上。

而在北方或两极地区，这种矿物就完全是另一种情况。在这些地方，冰是很普通的岩石——"石冰"，例如，在雅库茨克地区的北部和北冰洋的岛上，我们就常常会在黏土层、沙层和冲积层里发现一层层的冰，就跟普通岩石一样。在这些地方冰可以代替玻璃使用，美国著名的极地探险家斯蒂芬逊就曾经描述过加拿大北极圈内麦德河流域的爱斯基摩人所住的小房子，说那些房子的窗户都嵌着十分美丽的湖里的冰片。

冰的晶体——雪花。每个雪花约重1/10毫克

但是，不管冰在我们的生活里和在自然界里是多么普通，人们对它毕竟还研究得非常不够，常常会遇见这样特别的冰，我们很难搞清楚它们生成的原因。我要在这里把其中几种提出来讲一讲。

我们到北极圈里的希比内苔原去勘查的时候，下述的现象给了我们很深的印象。只要头天晚间是个晴朗的寒夜，第二天清晨总能在空地上看到无数细小的针状冰，这些冰像直立着的茎，在阳光的照射下闪闪发亮，外表很好看。冰的尖端都有不同大小的沙粒和砾石，这都是冰在形成的过程中从地表面顶上来的。由于沙粒和砾石几乎像没有缝隙似的遮住了针状冰，所以这些冰针不能一下子就看得很清楚，只有到了近处，才能看到一整片透明的冰针。

这些针状的冰晶体，长度都不一样：有些长到1—2厘米，有些长到10厘米，甚至12厘米。在风吹不到的地方，在大石头的下方，在凹陷的所在，这些晶体都特别长。针状冰的粗细只有1/4毫米或半毫米。

冰针很少有孤零零地直立着的。通常都是若干冰针合生在一起，像一个小柱子，共同顶着一块砾石。在直径12—15厘米那样比较大的石头的下方，冰针的晶体并不一群群地合生着，而是密密分布在石头的边缘上，像是给石头镶了边似的。有时候，生长着的针状冰显然是因为没有足够的力量把上述那样大的砾石从地面顶上来，所以仅仅顶起了它的一边。

冰所形成的这种有趣的晶体，并不是只在希比内才有。这样的冰，在北方和在温带地方，都是十分普遍的。

在古比雪夫省的布古尔马地区，还有在阿穆尔，上述的现象都曾有人看到过。在很高的阿尔卑斯山上，有些研究家也看到过这种现象。瑞典的沼泽非常多，里面有时候整片整片地丛生着这种细小的冰针，冰针上面都有砾石和沙粒掩盖着。

这样的冰在日本也常见，这就是日本人很熟悉的所谓"霜柱"。

又细又小——真像是小得微不足道——的冰针，合在一起就能共同进行巨大的工作，使砾石逐渐移动位置。冰针的晶体直立着把砾石顶在头上，在早晨融化的时候去迎着阳光稍稍弯曲一些，于是砾石落到的地方就不再是被冰顶起的原来那个地方了。这样一天天过去，有冰针晶体生成过的地方的土壤就好像被这些晶体分了分类；因为这些晶体会把土壤里比较大的粒状部分顶起来，顺着空地的黏土质表面向东方移去。

为什么会生成这样的冰针呢？对这个问题，我们有很多答案，但是没有一个答案能够充分解释这种奇异而又美丽的现象。

冰还有一种出奇的情况。在契卡洛夫附近著名的伊列茨堡——我曾经在一篇谈到盐的短文里提到这地方——有一个旧的开采面，里面充满了水，已经在变成一个盐湖。成千的病人在火热的阳光下聚集在盐湖岸边；湖水是非常浓的、饱和了盐的溶液，所以在里面洗澡的人决不会沉到湖底。湖的西方有很好看的雪白的岩石，那都是些有奇特轮廓的结晶盐；盐湖里沉重的水浪冲洗着岩石，所以岩石的表面上到处出现了很深的窟窿和凹洼。湖水的表面热得发烫。根据地质学家雅切夫斯基（Л.Ячевский）的测量，7月里昼间湖水的温度达到36℃。可是湖水的温度随着深度下降得很快。在深到5米的地方，已经降低到-2℃--1℃，至于20米深的地方，那就成了寒冷的世界：这里的温度在夏天最热的时候也是-5℃！

这里湖水的深处生成了多么有趣的矿物啊，冰在冬天从下往上生长，这又是多么奇怪啊！但这还算不了什么。就在伊列茨堡这个地方，又有一种现象引起了我们的注意。在这个盐湖的东北方矗立着一座石膏山。在这座山的朝南的陡陂上有一排小房子，住在里面的人就利用石膏质的岩石来搭冰窖。原来这个山坡上有些地方，只要靠着石壁随便建造一点什么，把一部分石膏质岩石跟外界隔开，就能得到一个低温的天然冰窖，因为这种岩石的裂缝和空隙里都有"强烈的冷风冒出来"。我曾经亲自到一些冰窖里去考查这种冷气流，这种现象不能不使我感到十分稀罕，尤其是因为这种现象发生在火热的夏天。显然，这种现象跟盐湖有关系，或者跟盐的矿床有关系，因为这座山的北面和西面就没有"冷风"。

这种现象又是一个谜，可是它使我们想起跟这里的冰窖显然有关系的另一种现象。这就是乌拉尔著名的孔古尔冰洞。

这个冰洞是由于从前的地下河流在这里穿过而形成的曲折复杂的通路，里面特别奇异的是洞口附近的许多宽敞的像一间间大厅似的空地方。其中有一间叫做钻石厅，完全是由冰花这种晶体装饰成的。这些晶体并不需要放大许多倍才看得出我们前面插图里所的六出雪花的形状，它们是整片整片手掌那样大的六角形。这种六角形的片是由很精致的细针和薄片交织而成，活像是用贵重的金属丝织成的工艺品。它们有的花环似的下垂着，有的整片森林似的铺满洞壁，用灯一照或者把蘸过煤油的麻絮燃着一照，就闪闪发亮。冰作为地球上真正的结晶矿物生长出来的美丽，在这里可说是登峰造极！

冰在我们的地球表面上还能生成其他许多种形状。我希望读者在冬天能够仔细研究一下窗玻璃上冻以后形成的羽毛状花纹，用放大镜观察一下雪花，在夏天能够把小雹子的形状画下来，而如果到高山上旅行，还希望能够在其他的石头和矿物当中，特别是对于冰和冰的生命史注意考察一番。

总之，读者自己的主动性越大和兴趣越浓，那么，他对极其美丽而又多样的自然界就能理解得越深刻、越清楚。

5.11 水和水的历史

乍一想，关于地球上的这种重要的矿物，好像没有什么新鲜有趣的东西可讲。水，我们早已看得惯而又惯了；雨水，河水，平静的湖面和海面，在我们看来都太平凡了，以致水是不是一向就是这样，在地球的历史上，有没有过一个时期，水的意义远不像它在今天这样重要这类问题，简直想也不会想到。

最普通的自然现象，往往不会引起我们足够的重视，这种情形多得很。不但在人们的日常观念里是这样，在科学思想发展史上也是这样。例如，必须有著名的物理学家牛顿那样善于探索的眼光，苹果落地这样的事情才会刺激他去思考有关引力这种最"普通"现象的实质问题。

100多年以前，拉瓦锡发表了他对水和热的看法。陈腐的、习惯的观点被打破了，新的、完全属于"异端邪说"的思想揭露了水的本质：正是那时候才确定了水是由两种挥发性气体组成的。

拉瓦锡曾经幻想：温度如果降低，地球会变成什么样子；在他幻想的图景里，地球的面貌就不像我们日常看到的这样——有流水、溪水和大量流动着的这种液体。假如木星的低温控制了地球的表面，水和若干种气体就会凝成固体。在这样的环境里，岂不就出现了一个新的世界了吗？在冰的山岳和岩石当中，我们还能知道什么是流动的、富有生气的水吗？拉瓦锡这样设想了水在地球的形成上和自然界的生活里的意义，于是，在死气沉沉的花岗岩跟流动的水这种自然界的神经之间的明确的界线，自然就消失了。

要估计水的意义，一定要在缺水的、没有生命的环境里才有可能。这种情形，不也就像人必须在生活里感到缺水的时候才知道水是像健康一样可贵的吗？

但是，关于水的意义，我现在不打算再讲下去；现在有整本整本的书都在讲这个问题，而在将来，也还能就这个问题写出一些新书来。现在我要讲的问题是，水是从哪里来的，有些什么规律决定着水的存在，以及水的将来怎样。早在古代理论不发达的时候，人们已经提出了关于水的起源和命运的问题。这些问题到今天还有人提，不过提法已经有了改变，因为它们是科学家们从实验室里提出来的。我们科学上有许多关于自然界的谜都是从古代流传下来的，现代的科学家也还在找寻它们的解答。但在科学上也跟在生活里一样，有许多思想长期保持不变，有些在历史上形成的观点往往只是由于习惯和历史悠久而一直保留下来。

地球上水的最古老的历史，是从荒漠开始的。在那个时候：

  ……海洋还没有征服地球，或只局部征服了地球上不大的一些地方。地球的表面几乎是整片的陆地，陆地上有无数的火山和温泉，陆地各处，热的程度都不一样。这就是地球最古时期的荒漠。太古时代的暴风雨发出强烈的、可怕的响声，震撼了地球上的大气。有的时候，倾盆大雨用绝大的力量把它所击碎的各种生成物从荒凉的、岩石重叠的山谷冲到一望无际的死气沉沉的、光秃的平原上……太阳把这些地方晒得十分炙热，在那里，寒冷的山顶也不能使蒸汽凝结成云。海还没有形成，或者只在这个年轻的行星上几处最深的凹地里刚刚形成。地面下，离地表面还很近的地方，有封在不久以前才形成的石头的壳里的一片片滚烫的物质，这就是地球的炽热的岩浆。岩浆有的在地面各处涌出来成为奔腾的急流，为以后的破坏作用提供了新的岩石原料，有的从地下深处大量喷出新的水蒸气，这种水蒸气就是缔造未来海洋的物质。

这是莫斯科的教授巴普洛夫（А.П.Павлов）在 1910 年就地球在遥远的过去的面貌、也就是在我们这个行星上出现水以前的面貌所作的美丽的概述。那时候，炽热的地球外面包着一圈沉重的水蒸气和各种气体，温度高达 350℃以上，所以不可能形成世界规模的海洋。但是后来地球慢慢地冷却了，跟着，大气也逐渐冷却。水蒸气下沉变成热的水流，热的水流又重新变成水蒸气，于是炽热的荒漠里就集合了一股股的热水。冷却了的水蒸气和气体就这样生成了最初的海。流入这个海的，有凝固的岩浆所含的挥发性物质，还有从火山口里喷出来以后又冷却了的水蒸气。从那时候起，"处女"水，或者原生水，也就是地球上最初产生的水，就开始聚集在这个年轻的海洋里来。这些水也就是现在某些病人用来恢复精力的许多矿泉水的源泉。谁说得出来，这样的水有多少是从太古代起就生成了的呢？谁敢断定，全部现在海洋里的水从前都是地球上原始大气的成分呢？最初的海洋生成以后，就逐渐生长和扩大起来。它的成分、它的轮廓和它的水量，都由于复杂的地质作用而起了变化。现在我们看到的是一片片望不到边的水，这正是地球过去的全部历史的结果，而科学家的任务就是揭开这汪洋一片的大水的谜。

早在1715年，科学家哈雷就问为什么海水有咸味，他想在水的过去的历史里寻找这个问题的答案，他这样做是十分正确的。

原来海洋在地球表面上形成以后，里面的水在漫长的历史过程中，曾经进行过巨大的化学工作。海水在地球表面上一次又一次地进行着经常的循环作用，把所有容易溶解的物质都冲到海里，把这些物质按照比重来分极，使难溶的、稳定的化合物堆积在海底。海洋里的生物由于进行了复杂的生命活动，又摄取了这些化合物的一部分，而不去触动其他部分。这样，在整个地质史的进程中，积聚的海洋上层的水里的各种盐类就达到了非常庞大的数量。

盐类的这种富集作用在今天也还在继续进行，每年都有千百万吨的可溶性物质被河水冲下来。美国地质学家克拉克计算过，可溶性盐每年由河里流入海洋的有27.35亿吨之多。焦利还想根据这个数字来计算：需要多长的时间才能形成现代海洋的成分。因为氯化钠在海水里的总量是33000万亿吨，而每年流入海洋的氯化钠大约是1.1亿吨，所以用后一个数去除前一个数就能求出海洋的年龄。

地球表面上的水从它最初出现起到今天一直在进行着两种循环作用。水从海洋湖泊的表面以水蒸气的形态上升，里面还夹带着海浪溅起的飞沫和溶解在飞沫里的盐。每年总有36万立方千米多的水这样凝成云雾，被风吹散到地球表面各处去，润湿土壤，并且使植物生活所十分需要的氯化物以细小的粒状分散开来。

这就是水在过去和现在所进行的外部循环作用，这种作用使得生物有可能存在，使气候发生变化，使土壤变得肥沃。

但是还有一部分水在不可避免地返回到地下。水被吸入地下的通路很复杂，到现在还没有人作过比较详尽的研究来充分说明它。

许多不同的理论试图解释水流入地下的现象，从古希腊哲学家柏拉图和亚里士多德认为地上的水是通过当时神话里所说的地狱的深渊进入地下的想法起，直到现代根据分子物理学定律所作的解释。

水从它在地球表面上出现直到今天，已经做了非常巨大的工作。地球表面上的水曾经在地下深处经历复杂的道路，完成了巨大的化学任务：它破坏岩石和矿物，溶解各种盐，使沉积物进行再结晶作用。地球表面的全部化学生活都在水溶液里进行，进行的方法又非常多种多样，结果不但改变了地球的面貌，也改变了地球的成分。大气里的水蒸气吸收了太阳的热射线，跟空气和二氧化碳共同造成了地球表面上比较高的平均温度（16℃）。水不断地吸收太阳能，升到山顶上去集合，这就成了巨大的破坏力的源泉。

地球上，有了最初的几滴水，才能有生物。生物在地球过去的历史上是经历了复杂的进化道路发展起来的。而生命能够出现和进化，全是水的功劳。

水是生物体的最重要的组成部分，它在一些水母体内的含量多达99%，在人体内的平均含量也有59%之多。

以上就是我们所知道的关于水的过去，而水的现在和将来也是跟它的过去紧密地交织在一起的。

第六章　为人类服务的石头

6.1 石头和人

人正在兴建城市，设立工厂，修筑道路，挖通隧道，在做着各种各样伟大的工作；因此，无论是沙子、砾石或石块—— 一切多种多样的矿物资料，也就是整个没有生命的自然界，对于人的经济活动都是十分需要的。

采石场开采出的石块

我们知道，以前农民每年都用简陋的木犁和铁犁耕地，翻土。这样耕作的结果，每年翻起的土壤共有多少呢？

如果计算一下，就知道每年这样翻起来的土壤差不多等于一个每边 15 千米的立方体，也就是

柱状的玄武岩，是溶化状态的玄武岩浆在迅速冷却时生成的。

3000 多立方千米。我们很了解这个数字的意义，因为我们知道，地球上所有的河流每年冲到海里去的各种物质，不管是溶解了的，还是混悬在河水里的，一共只有两三个立方千米。

人每年从地底下开采出来的其他物质各有多少呢？让我们来算一下，

尽管只是一些近似的数字：

煤 ....130，000 万吨
铁 ....10，000 万吨
各种盐 ....3，000 万吨
石灰石 ....2，500 万吨
各种金属 ....1，000 万吨

人每年开采的各种物质的总数，大约是 20 亿吨。

为了了解这个数字的意义，我们可以想一下，挂着 50 节车皮的一列很好的货车，平均能够载货 1000 吨。这就是说，人每年从地下深处开采出来的矿石、金属、石头、煤和各种盐，差不多要用 200 万列货车才能运走。

如果计算一下，全人类从有史以来从地底下一共开出了多少石头，那么得到的数字就更庞大。这只要指出一点来就够了：单单石油一项最近 50 年的开采量，就能装满一个周长 40 千米、深 5 米的湖。单单英国一个国家在它的历史上从地底下开采出来和用掉的各种矿物和岩石，就超过 40 立方千米。英国有些房子重达 5 万吨左右。单是塞瓦斯托波尔一个地方从地下采石场开采出来的石灰石就多到这样：在开采出这些石灰石以后留下来的地方可以筑成许多间良好的干燥储藏室，来储藏 4 万吨葡萄酒和香槟酒（英克尔曼储藏室）。

那么石头被人开出来以后会怎样变化呢？

原来，尽管石头十分坚硬和牢固，它在人的管理下还是不能永久不变；它会逐渐消失，逐渐分散到世界各处去。甚至制成了硬币和各种制品的金，在人手里也磨损得很厉害，所以这种金属在全世界各个银行里的贮备量每年会减少 800 千克，也就是说，每年差不多有 800 千克的金变成微尘。煤，放在工厂的锅炉和别的炉子里烧掉以后，就一去不复返。铁，尽管人想尽了办法去保护它——给它涂上油漆和镀上锡、锌，它还是会生锈、磨损、氧化，终于变得不合用。食盐，或者被人吃掉，或者被人变成其他化学工业产品。铺路的石块也会变成微尘，——一切都会消失，所以人还得一次又一次地重新开采石头。

人在地下开采的有用矿物，一年比一年多。

铝、铬、钼和钨这些金属的产量，在最近 100 年里几乎增加到了 1000 倍；铁、煤、锰、镍和铜的开采量和冶炼量增加到了 50-60 倍。自然界的物质被引进人的活动范围内的越来越多了。有些物质昨天看来还不需要、没有用处，今天却变得非常有价值。地壳里分布最广的石灰岩和黏土已经在开始参加人的经济活动，而人把矿产也就是把石头和矿物研究得越充分和越深入，他在各种矿产身上所发现的宝贵性质也就越多。

这个工作只有矿物学才能帮助我们做到，也正是因为有了矿物学，人才越来越了解地球内部的矿产和资源，甚至于使无用的石头都来为人类服务。

各种矿产的埋藏量正在逐年减少。这是因为石头不像植物，一旦用掉，就决不能很快又生出来。根据地质学家和矿物学家的计算，像目前这样去开采煤和铁，全世界各地目前所知的煤只够开采 75 年，铁只够开采 60 年。假如人类一直这样掠夺自然界，将来一定会弄到没有天然富源的地步。必须保护自然界，必须保护天然富源，必须学会把各种金属和盐都提出得一点不剩，把每种石头都尽可能充分地加以利用，而不要让石头在地球表面上白白地散失掉。

固然，人类还要到遥远的将来，才会遇到铁荒和煤荒的威胁，可是矿物学家和化学家，技术专家和冶金家，你们今天就应该联合起来共同工作，以便推迟这种威胁的到来。

我们正从铁和煤的时代进入一个新的时代——黏土、石灰岩、太阳能和风力的时代。苏联的未来就寄托在各种轻金属上面，明媚而又温暖的日光上面，苏联南部沙漠里一望无际的沙丘和北部的黏土地层上面。

6.2　碳酸钙的历史

在地球上，或者说得确切些，在地壳的外部，分布最广的矿物中，有一种是碳酸钙，也就是矿物学上所说的方解石。碳酸钙是一种化合物，它构成石灰岩和大理岩而形成整座的山，它大量地含在土壤里和泥灰岩里，还溶解在河水和海水里。人用它来造房子，把它跟其他的物质掺混起来制造水泥，还用它来铺城市里的人行道。石灰岩为人类服务的规模非常巨大，在这方面恐怕只有它才比得上黏土。石灰石每年的开采量差不多是1|100立方千米，重2500万吨，每年几乎要有200万节车皮——相当于4万列火车——才够装运人从矿山上开采到的这种极其重要的产物。

但是，石灰岩的历史十分复杂而又悠久。许多科学家都研究过它的历史，可是到现在还远没有把它完全研究清楚。

每年都有庞大数量的碳酸钙形成极小的微粒或渣滓，随着河水流入海洋；有人计算过，每1.5万年河水冲走的碳酸钙，在数量上等于现在所有海洋里所含有的这种物质。那么海洋里的碳酸钙消失到哪里去了呢？

现在我们十分清楚，生活在海洋里的动物会把碳酸钙吃下去留在体内，碳酸钙就变成这些动物的骨骼和介壳。

极小的珊瑚虫会造成庞大的建筑物，这样的建筑物平均每年高出1厘米，在几十万年里就形成许多巨大的暗礁和岛屿。

可是，不仅仅珊瑚虫在摄取碳酸钙来建造自己的骨架，还有别的微小动物——例如在显微镜下放大了许多倍才能看见的根足虫——在这方面也做了不少工作。根足虫在千百万平方千米的大洋底上积累着厚层的小颗粒状的白色沉积物：白垩岩和石灰岩。这些小得不足称道的生命的建筑者，正是自然界里最有本领的活动者。莫斯科的大建筑物，巴黎或维也纳的房子，阿尔卑斯山的尖顶，克里木的高大山峰，伏尔加河岸边美丽如画的日古利山，还有世界最高峰——珠穆朗玛峰，所有这些归根到底都是由极小的动物构成的。

纽约用石头、砖和水泥筑成的巨大建筑物（摄于 1932 年）

海生动物的骨骼和介壳等逐渐地沉到海洋的底上。这些不定型的颗粒夹杂着生物的残体和死掉的生物体腐烂后的生成物，就在海洋的底上生成了大量的淤泥状物质。正是在这里——在海洋深处，发生了我们所说的沉积变质作用这类特殊的化学变化和物理变化，结果半液态的淤泥状物质才逐渐变成了岩石，石灰岩、泥灰岩和其他的石灰质岩石才在海洋底上一层层地沉积出来。

碳酸钙历史的第二页，也就是石灰岩产生的经过，就到这里完结。接着第三页：海底慢慢向海面隆起，海水流走了，在原来是海洋的地方出现了高大的山脉；原来在水面下的石灰岩层变成了山脉的峰顶；有些岩层发生折曲而升得更高，另一些却下沉了……就是地球的这种巨大力量产生了风景美丽的克里木南部的岩岸和高加索断层。

可是碳酸钙历史的第三页不长，很快就转到了第四页：雨水和冻冰，溪水和河水，开始了工作。它们溶解了碳酸钙，使人看到了许多值得惊奇的、壮丽的现象。

你瞧，这里是汹涌的河流切断了石灰岩质的山脉，开凿出两旁高几百米的狭窄的峡谷。汹涌的河流的上方是狭窄的悬崖，羊肠小道就在悬崖上沿着河岩盘绕着，使旅客或商队处处都能遇到危险。

你瞧，那里却是被侵蚀了的石灰岩质的旷野，上面有巨大的漏斗状洼地，漏斗的管子一直深到地下。在这种地方，地面水的侵蚀作用常能深入地下几百米，因而使亚德里亚海和克里木的喀斯特地区形成了复杂难行的迷宫。水在这样的地下深处，一滴滴地溶解着石灰岩，结果就给神话般美丽的山洞添上了碳酸钙沉积物的光怪陆离的图案和富丽堂皇的建筑……

碳酸钙历史的这几页表明它是一直在漂泊流浪的，这种漂泊流浪，我们在矿物学上叫迁移。

有些地方，水把碳酸钙溶解了，而水流到另一些地方又把碳酸钙沉积了出来；山洞里巨大的钟乳石柱变成了湖泊里植物周围的石灰质外壳，山洞里细小的管子变成了娇柔细致的、包住了地面泉水里的植物和水藻的灰华。溶解了的碳酸钙有一部分又跑到河里，重新随着河水流入海洋，而另一部分却经过一连串复杂的变化，可是最后也是流到海洋里去。这样，碳酸钙在它的历史上就又作了一次螺旋式的循环。这样的循环被人干涉得很厉害，人从这个循环圈里把碳酸钙一块块地拉到外面来，用这些石块来修建房子、桥梁和城市；但是人的这种活动比起极小的根足虫的活动来是多么微不足道啊！根足虫利用它的生命力造成了整座整座的大山，纽约的摩天大楼跟这些山比固然黯然失色，就是人的技术能够修建的最大规模的建筑物——从用200多万块石灰石垒成的埃及齐阿普斯王的金字塔起到用雪白的大理石筑成的精巧细致的米兰大教堂止——跟这些山比较也都显得十分渺小！

6.3　大理石和它的开采

我想你们不会以为大理石只能用作公园或博物馆里雕像的材料，以为它只适于用作漂亮房子的建筑材料。不，实际情形不是这样：大理石是非常有用的石头，它的用处不仅仅表现在我们在博物馆里非常欣赏的那些绝妙的意大利和希腊的工艺品方面。

现在我们常常能在极多的地方完全意外地遇到大理石。在医院的手术室里，所有桌子和墙壁都一定要干净到理想的程度，所以大理石板是独一无二的材料；发电站里要用大理石做巨大的配电盘，以便在上面安装操纵电机的各种装置，还要用大块的大理石板来装饰墙壁，因为大理石不导电；医院和疗养院里要用大理石来砌造非常干净的澡盆和脸盆；皮革工厂里要用巨大的大理石辊来轧制最细的皮革；地下铁道、戏院、俱乐部和公共建筑物要用大理石造柱子和栏杆，作砌面材料，造台阶和窗台，因为大理石很坚固，容易保持清洁，不怕水，不怕冻，也不怕成千上万只脚在上面践踏；漂亮的建筑物要单用大理石，或用大理石颗粒和水泥的混合物作砌面材料（例如莫斯科邮政总局和莫斯科市苏维埃旅馆）；此外，使用大理石的地方非常多。我实在很难把它在我们日常生活里和工业上的用途全部说出来！

大理石是坚硬的矿物，可是它又柔软得容易用铁器锯开。有的大理石洁白得出奇；有的大理石微微透明，像人的细嫩的皮肤一样；有的大理石杂色斑斓，十分美丽——黄的、粉红的、绿的、红的、黑的，应有尽有；所有大理石都质地均一而又纯净，不导电，不怕水和空气的破坏作用。它是落在人手里的了不起的好材料，人在好几千年以前就已经知道它的价值了。

谁要是欣赏过古希腊人用雪白的大理石造的庙宇，或者踏着弯弯曲曲的楼梯到过大理石造的米兰教堂的顶上（这个教堂从地面到层顶都是密密丛丛的细致的大理石雕刻、大理石柱子和大理石雕成的装饰物），或者踏着大理石台阶往下到过莫斯科的地下铁道，那他就不能不对这种绝妙的石头打心眼里叫一声好。如果他看到了大发电站里的大理石，他更可能不停地赞赏，因为这里的大理石都是特别好看的磨光了的大石板，面积大到好几个平方米，而操纵着好几马力电能的各种仪表、开关，就是按照严格一定的位置安在这些石板上的。

在开采大理石并向全世界供应这种石头的所有国家当中，意大利占第一位。在意大利的地中海沿岸，著名的喀拉拉附近，有 1000 来个白色大理石的开采场。在高山上和荒凉的峡谷里，白色的大理石跟亚浦尼亚的阿尔卑斯山上的积雪不可分地连成了一片。好几吨重的大理石块开采出来以后就放在滚轴上，再套上牛把它从荒凉

漂亮的大理石花纹

的悬崖上往下拉。为了防止石块滑下去压坏人和几十头牛，就在后面用链子坠上几块同样的石块。后面的石块在山坡上隆隆地着地前进，减低了滚轴前进的速度。

每年差不多有 60 万吨的大理石用这种方法从山上拉下来，拉到了山谷下面再用火车运走。水力机嘎吱嘎吱地发出难听的响声，在一连好几个月里把大理石块锯成石板。然后，用火车把大理石板运到地中海沿岸；到了这里，巨大的起重机就把大理石板和石块吊起来，送进大的远洋轮船的货舱。这样，每年从意大利出口的大理石，它们的总体积就大到相当于边长 60 米的一个立方体，也就是说，这个立方体每边的长度差不多等于两个电

线杆之间的距离。

大理石在苏联境内的埋藏量也很丰富，累利阿、莫斯科附近地区、克里木、高加索、乌拉尔、阿尔泰和萨彦岭都产这种石头。近年来，苏联地质学家又发

意大利米兰大教堂

现了许许多多埋藏量很丰富的大理石矿床，这是很难一一列举。

苏联再也不需要输入喀拉拉产的大理石了，现在苏联已经有了自己的大理石厂和工场；苏联的地铁、很多新的建筑物和高耸云霄的莫斯科大学的漂亮建筑物，都用绝妙的杂色大理石装饰着，那都是苏联自己出产的。

然而大理石并不是永恒不变的：请看看以撒大教堂博物馆的旧的大理石砌面，或列宁格勒大理石宫的柱子，再比较一下各部分的大理石雕刻，这样，你立刻就会看出旧的大理石块改变得多么厉害，棱角变得很不明显，各个装饰物变得比从前小了。原来空气——尤其是城市里的空气——含有许多种对大理石有害的物质，因此，雨水对这种石头的破坏作用也就相当厉害，进行得相当快。

被雨水溶解的大理石在 100 年里大约是一毫米，在 1000 年里就是一厘米。可是这还不算什么：大理石的破坏作用在离海不远的地方尤其厉害，因为海水的飞沫会被风吹上岸，一直吹到离岸好几百千米的远处，而海水是含盐的，因而对大理石有更大的侵蚀作用。雪对大理石的破坏作用比雨水大，因为雪从空气里所吸收的对大理石有害的酸往往比较多。在大理石缝隙里凝固的水，还有植物和真菌的细根，也都能加速大理石的破坏；夹带着尘埃和沙粒的风，也能磨损和破坏柔软的大理石表面。我把这种石头的优点和缺

点都给你们列举出来，不是没有道理的。在自然界里，永恒不变的东西是根本没有的。千千万万年的地质时代，一方面把极小的沙粒积累成整座整座的山，而另一方面却又在破坏和削平着坚硬的、不可动摇的岩石。自然规律是到处一样的，所以在自然界所经历的复杂的地质史上，人的活动和"人的创造的永恒性"只是十分有限的，"一转眼"就会消失掉的。

将来你们如果走过列宁格勒的大理石宫或以撒大教堂博物馆，而看到卡列里产的漂亮的灰色大理石砌面，或者你们走过莫斯科造型艺术的普希金博物馆，而看到用乌拉尔南部产的白色大理石造成的漂亮的柱子，就请不要忘记关于自然界生活的这条规律。

6.4　黏土和砖

我想讲一讲关于砖的漫长的历史。真的，我看，读者们一定都想不到它的历史会是那样的复杂有趣。

处在熔化状态的大量花岗岩浆在地下深处沸腾着。岩浆里充满了水蒸气和各种气体，它喧腾着要打通到达地表面的道路。黏稠得像面团似的液态花岗岩浆进入了地壳，然后像大圆面包那样慢慢地凝成了巨大的花岗岩体和花岗岩脉。我们在杂色的花岗岩图案里可以看到粉红色或白色的晶体，这些晶体外面还有片状的黑色云母和半透明的灰色石英围绕着。这些白的、黑的、浅黄色或粉红色的矿物都是长石，而长石正是未来的黏土的来源。

地表面上的水开始冲洗花岗岩了，河水越来越深地侵入了花岗岩体，再加上风吹雨打太阳晒，花岗岩就被侵蚀成了很古怪、很特别的样子。花岗岩在破坏着；黑色的云母片显出金黄色而变成了"猫儿金"；灰色的石英剥落成颗粒，滚圆了就变成细小的石英沙。可是长石比云母和石英起的变化更大。水和太阳彻底破坏了长石，长石所含的物质有一部分被空气里的二氧化碳夺走，另一部分被水夺走。长石逐渐碎成了细粉。没有起变化的长石晶体的剩余部分，积聚起来成为松碎而又发黑的淤泥。沙漠的炎热气候促进了这种破坏作用：风把长石微粒吹起，把它们像雪堆似的吹集在风力达不到的地方。沼泽里含铁的黑色的水帮助着淤泥的生成，所以在炎热的热带森林地区，沼泽低地的底上都沉积着这种淤泥状的黏土颗粒。有的时候，其他的有力因素也能促进黏土的生成。来自北方的大冰块把正在破坏过程中的长石磨成细小的尘末；这样的尘末形成了冰川游移质，被冰水带到很远的地方，这种黏土大量堆积起来，就留下了好几千公里长的冰川沉积的痕迹。

整个俄罗斯共和国的北部都布满了这种黏土；这片黏土地带里还散布着巨大的砾石，那是冰川从遥远的北方向南移动的时候带的。黏土地带的边缘上有时候积聚着石英沙，那也是花岗岩破坏以后的生成物。

砖，正是人用经过长期漂泊的这种黏土造成的东西。人把黏土采集起来，去掉它里面混杂着的砾石和沙粒，加水调匀，做成砖的样子，先放在空气里晾干，再用火烧干。这样，黏土就逐渐失去水分，逐渐改变形状，终于变成另一些矿物。科学家把在高温下焙烧过的这种黏土磨成薄片，用高倍显微镜来观察，就发现了一些他很熟悉的、曾经在压力极大的深地层里遇到过的针形矿物。

长石的晶体以一种新的形式复活了。砌砖工人造着房子，想不到他所垒的砖正是从前地下熔化物的残余。他也不知道，用来黏合砖块的物质并不是什么简单的石灰浆，而是在多少亿年前、在今天早已消失的海洋里生活着的一些动物的残体。

而瓷碗、瓷盘或者搪瓷用品能够告诉我们一些什么，你们知道吗？瓷的历史还要有趣，因为用来制造瓷器的纯净的黏土——高岭土，它走过的道路还要复杂。这条路从混杂着地下深处的炽热熔化物的液态岩浆开始，经过炽热的水蒸气和有毒气体的喷出，最后来到浅水湖底上的宁静的沉积物。你们知道不知道，黏土现在虽然已经在用来造砖、造陶制的管子、瓷盘或普通的瓦盆，但它的历史并没有就此完结。黏土和跟它类似的一些物质，近年来又给我们打开了一些完全不同的途径。用这些物质可以提炼"轻银"也就是轻得出奇的轻金属铝，来制造飞机机身和汽车车身，制造发电站用的导线，制造漂亮的锅、碗、匙等。以前，这种金属很值钱，完全是用来制造最贵重的物品的。现在，设立在大瀑布近边的大工厂，每年炼出的这种轻金属多达 1000 万吨。在 50 多年前，恐怕任何人，连经验丰富的、幻想能力特别强的地质学家在内，也想不到，能够从普通的黏土里得到制造飞机的原料吧。

写到这里，不能不提到黏土最多的国家正是苏联：苏联的北部有冰川沉积下来的整片黏土，乌克兰有雪白的高岭土，顿巴斯有像脂肪那样滑腻的耐火黏土。长期以来，人民不知道怎样利用这种富源，对这种富源也知道得很少。美国有一个最有名的地质学家说过："每个人对黏土的平均使用量，是一个国家的文明程度的标志。"这句话变相地重复了大家熟悉的另一句话：一个国家的文明程度的主要标志，是每人每年的肥皂使用量。的确，黏土长期以来没有得到俄罗斯科学和俄罗斯矿业的重视，因而几乎没有人去研究它和勘查它。

其实著名的旅行家巴拉斯（Паллас）院士在 1769 年就叙述过黏土的利用问题，他描写了俄罗斯乡村和偏僻地方生活的凄凉情景，同时又疑讶地叙述到人们为什么竟不知道利用黏土和石头来改建那些木料堆成的城市，以免发生毁灭性火灾。他说：

> 卡西莫夫虽然有非常适用于建筑的石头，可是根本没有拿来用，因为全城的建筑都是按照俄罗斯的习惯，用木材搭成的，而使外乡人看了更加奇怪的是，尽管石头多得很，连铺路也还是用的圆木和木板。

至于某些教堂和官房，却是用很坏的砖块砌造的，因为在烧砖的时候碰上黏土就用，并没有考虑到黏土的质量。

现在，在沃尔霍夫河岸上、第聂伯河岸上和乌拉尔已经建立了高大的工厂，来从混有铝土矿的黏土里提取铝了。

从此，苏联境内蕴藏最多而利用很少的富源之一，就生气勃勃地登上它的远大前程了。

6.5 铁

我想让读者吃一惊，描绘一下，要是地球表面上所有的铁突然全都消失了，而且无论从哪里都再也得不到铁，人类会陷入怎样的境地。这个境地读者可能知道得很真切，因为那样的话，他的铁床就没有了，所有家具都散开了，所有钉子都不见了，天花板要塌下来，房顶也要没有了。

在户外会变成一片可怕的破坏景象：无论是车皮、机车、汽车、马车或栅栏都要没有了，连铺的路面上的石头都要变成破碎的黏土，植物也由于失去了维持它们生活的这种金属而开始凋萎和死去。

整个地球表面都会像遭到了一场风灾似的，人类的灭亡也就好像不可避免。

然而人是活不到这个时刻的，因为人一失去他体内和血液里的 3 克铁，他就不能生存，因而来不及看到上面所说的各种情况，3 克铁只占人的体重的二万分之一，可是失去了它，就是死亡！

我们是铁的世纪的人：我们每年消耗的铁在 1 亿吨左右。在 1914 年 –1918 年第一次世界大战的某几个月里面，从各种炮发射出去的铁比许多铁矿所含的铁还多。在那次大战期间，单单德国军队每年发射的铁就多达 1000 万吨。这个数量，比俄国在战前的铸铁年产量还多一倍半。凡尔登附近受到许多个月的轰炸以后，堆积在那里的铁就有 300 万 –500 万吨之多。各国为了铁矿石的产地而进行战争，在停战谈判中，也为了这些产地而互相争吵。

人一直在极力设法把铁保留在自己手里，然而总是白费力气：人给铁的表面镀上薄薄的一层锌或锡，把铁变成白铁或马口铁，给铁涂上油漆或假漆，镀上镍或铬，使铁的表面氧化，给铁涂抹油脂或煤油，——人用尽了各种方法，想使铁留在自己手里的时间越长越好。可是铁总是在不断地消失，生锈，被水冲洗掉，重新分散到地球表面各处去。

"要铁，要更多的铁！"——这个无底洞一般的世界老在这样要求着。在将来的人类面前会发生我在前面所描述的那幅可怕的幻景。不再有更多的铁了，铁荒来了！

不要笑我的这个幻想。要知道，早在 2000 年以前，古希腊就已经想到了铁荒的可怕。希腊哲学家曾经这样问过：一旦地球上的铁没有了，最后的铁矿开采完了，那时候人类会怎样呢？

后来古罗马也想到了没有铁的可怕，果戈理曾经就这种情况作过精美的描述：

> 铁的罗马屹立着，扩展着，它长枪如林，刀光闪闪，嫉妒的目光四射，壮健的胳膊横伸……于是我懂得了人生的秘密。默默无闻，对人来说，是下贱的：你是人，你就要光荣，就要追求光荣！被铁声震聋了耳朵的人啊，你就在空前的狂欢里，手执古罗马装甲军团的致密的盾牌向前猛冲吧！你将凶狠而且严肃地一步步占领全世界——最后你还将征服天空。

然而在当时这些仅仅是古代哲学家的恐惧，要不然就只是他们大胆的幻想。可是到来了 19 世纪，铁的世纪。人们开始为铁进行斗争，巨大的铁矿逐渐采尽，铁的价格开始上涨，这是第一个可怕的警告。

在美国，已故的罗斯福总统初次发出了警报，在华盛顿的白宫和摩天大楼的钢筋水泥建筑里，煤铁大王、铁路大王和靠铁发财的大亨之间曾经发生热烈的辩论。

国际地质会议开幕了，全世界最有名的地质学家计算了铁的储藏量。计算的结果是怎样的呢？

铁的开采量在不断增长的情况下，铁的储藏量只够开采 60 年！我的神话般的幻想仿佛就要变成现实，到公元 2000 年，人真要弄得一块铁都没有了！

可是读者可以宽宽心，——情况还不至于这么可怕：我们每年都在发现新的铁矿，技术也在不断地改善着，人们将要找到冶炼劣质铁矿石的方法。一旦富矿枯竭了，就可以开采贫矿和其他的劣质矿；一旦铁的价格上涨到跟银一样，那么每一块花岗石都会成为适于炼铁的矿石。

读者看得出，我的这番宽慰还是很有限的：因为我在上面只谈到铁的价格上涨到跟银一样的时候，但是缺铁以及此后铁荒的威胁毕竟还是存在的啊！

那么怎么办呢？只有一个办法，这是我们在第一次世界大战期间学到的，这个办法当时在德国使用得特别普遍，德国人甚至专门给它起了个名字，叫做"艾尔沙茨"[①]，意思是代用品。如果某一种东西没有了，就另找一种合用的东西来代替它。给铁寻找代用品将是不可避免的事。我们现在切不可以随便浪费这种金属，必须想出各种办法来节省它，并且必须在发展黑色冶金业的同时，学习怎样把农业和工业的基础改建在分布更广的其他新物质和新金属上面。

质量很轻的铝以及铝的合金，正在代替质量很重的铁。现在我们造大房子的时候只搭很细的骨架——钢筋，外面要包很多的水泥。我们架桥、

---

① "艾尔沙茨"是德文 Ersatz 的音译。——译者注

造拱门和立杆子，都不用木材和密实的铁，而是用钢筋混凝土。甚至一些船只也开始在用钢筋混凝土来造了。

铁的世纪正在逐渐地过去，我们的下一代一定会生活在铝、锂、铍这三种地球上最轻的金属里，生活在钙和镁这两种在自然界里分布最广的物质里。

赤铁矿晶体，宛如一朵盛开的"铁玫瑰"

未来是属于其他金属的，而铁将成为立过功的、完成了历史使命的老材料，获得荣誉的地位。

可是现在离这个未来的时代还远得很；矿物学家，你们要学会保护铁，要寻找它的矿床，可是也要寻找它的一切可能的代用品！

铁在现代是冶金、机器制造、交通运输、船舶制造和桥梁建筑的基础。不要忘记：铁在目前是工业的中枢神经。

6.6 金

很难举出另外一种金属，在人类历史上比金起过更大的作用。人在各个时代都尽力想得到黄金，即使犯罪、使用暴力和引起战争也要把黄金弄到手。从原始人从河沙里淘洗出金来制成装饰品起，到现代的厂主开设工厂、使用漂在水面上的巨大挖泥机止，人一直在顽强地争取占有这种天然富源的一部分。但是这部分金，比起散布在自然界里的那些金来，比起人类的要求和愿望来，是微不足道的。在 19 世纪中叶以前，人开采到的黄金少得很———一共只有 230 吨左右；在最近 200 年里，人类手里所有的金仅仅增加了 250 亿 –300 亿卢布，重量大约是 1.7 万吨。银行周转的金，在第一次世界大战以前只有 90 亿 –100 亿卢布，至于金币、金条和黄金储备，加起来也不超过 200 亿卢布。我们不应该认为这些数字很大，因为 1914 年 –1918 年的第一次世界大战却给我们一个完全不同的规模，那时候有些国家，例如帝俄的军事开支，就比上面说的数字大得多（在 550 亿卢布以上）。

寻找金和金的矿床的工作，目前正在越来越快地进行着，世界各地的采金工作人员不下 150 万，可是每年开采到的金还不到 1000 吨。自然界十分小心地收藏着它的宝物，决不把这种金属轻易转让给人。可是还应该知道，金这种金属——著名的博物学家布丰说得很正确——可以说是到处都有。金广泛分散在自然界里各种各样的地方；每一立方米的海水里有 1/100 毫克的金（金在海水里的总含量有 1 万吨之多，一共值 100 亿卢布）。在任何一块碎花岗石里都能找到金。地壳里金的平均含量是 0.000001%；在从地面到 1 千米的深处那层坚硬外壳里，它的总含量不少于 50 亿吨。

人在开采黄金的全部历史里所采到的金只有总含量的三十万分之一，人的这种活动是多么微不足道啊！自然界不但不给人足量的金，反而把人由于劳动而积累起来的金逐渐抢走。金具有非常大的分散能力。它会变成微粒，微小到直径只有光波那样长，就这样几千克几千克地以微尘的状态被河水冲走，或分散在熔炼金的实验室的地板、墙壁和家具里。它在银行交易中也在消失着，平均每年总要损失金币重量的 0.01%–0.1%。

金可以轧成极薄的箔，金箔显绿色，厚度非常小，5 万张甚至 10 万张叠在一起才只有 1 毫米厚。著名的奥地利地质学家修斯，早在 19 世纪 70 年代就从金的这些非常出奇的性质和它喜欢分散的特性看到了逐渐成熟的金荒，并且指出作为世界经济基础的黄金流通问题必须审慎地加以解决。固然，我们并没有感到金的枯竭的现象在向我们逼近，所以修斯的担心可能是过早了些，然而他的担心并不是没有道理的。金的开采的全部历史告诉我们，一批矿床枯竭了，就被另一批矿床所代替，开采的方法在逐渐改进着，到现在为止，人们用毫无计划的掠夺天然资源的办法，还能够补偿这些损失掉的黄金。例如，16 世纪初在中美洲发现的金矿床由巴西的金矿床（1719 年）代替了，后来又依次发现了加利福尼亚（1848 年）、澳大利亚南部（1853）年、南非洲（维特瓦特尔斯兰，1885 年）和阿拉斯加（克朗戴克，1895 年）①，以及最后的西伯利亚的勒拿河、阿尔丹河和科雷马河一带的金矿。

可是金在地球上不但会到处分散，而且也会起相反的作用：有时候金会聚成一大块，形成自然金。例如，1869 年在澳大利亚发现了一个大金块，重100 千克。过了三年，那里又发现了一个更大的金块，约重 250 千克。

俄国产的自然金块却小得多，1837 年在乌拉尔南部发现的一块最著名的自然金只重 3 千克左右。常有这样的情况：在面积不大的一块地方积聚着相当多的贵重金属。例如在著名的克朗戴克，也就是美洲在北极圈里的那一部分，在小小 200 平方米的面积上发现的金就值 100 万卢布。

那么，俄国在全世界金的产量上占着怎样的地位呢？ 1745 年，德洛菲·马尔科夫（Дорофей Марков）在为三位一体圣像的桂冠寻找水晶的时候，发现了乌拉尔的第一个可靠的金矿床。从那时候起，俄国的矿业就逐渐发展和发达起来。新的矿床陆续发现。专门的矿业管理局成立后，也曾经发表过每年的和每十年的黄金开采数字。

但是，如果认为这些数字是俄国真正的金的开采量，那就错了。沙俄的官方统计，漏掉了很大的一部分金：有一些流入了中国，在那里被外国商人收买去，另一些被采金的工人夹带出来，直接卖给了私商和珠宝店。

① 原是俄国的领土，1867 年沙皇政府以 1500 万卢布卖给美国，美国在那里开采到的黄金，值 5 亿卢布。

因此我们如果说，旧俄时代的全部黄金开采量不少于 4000 吨，应该不会有很大的错误。

列斯科夫、马明－西比利亚克和另外一些作家就当时的"黄金狂"作过许多出色的描述，那时候盲目的命运往往会使一部分人变成富翁，而使另一部分人破产，那时候乌拉尔或西伯利亚的每一个金矿都跟神话般的财富、自然金和闪亮的金巢等的传说连在一起，还有这么多说也说不完的有关犯罪、狂饮烂醉、空前的运气和难忘的痛苦等故事。

最重的自然金矿

沙俄时代偶然发现了黄金的人，往往纵情狂饮，把酒瓶密密地排满他村子里的整条街道，如果是女的，就会一气买下三四条绸裙，一条套着一条穿在身上……

除了黄金以外，再也没有一种金属能够使人发生这样热烈的爱，燃起这样炽烈的希望，甘愿忍受最大的痛苦去寻求"金山"的了。

关于从前在西伯利亚探寻黄金的情况，地质学家雅切夫斯基（Л.А.Ячевский）曾经作过一段天才的描述：

> 冬天，苔原上盖满了一俄丈、甚至二俄丈厚的雪，幸福的寻求者由通古斯人、索侬奥特人或鄂伦春人领着穿过丛林和枯树，在马和鹿尚且常常失踪的冰雪地上开路前进，夏天他们就陷在泥泞地里，饱受成群的蚊虫的折磨，疲倦不堪地挣扎着前进；他们常常走进根本没有人知道的、白种人从来没有践踏过的边远地方……

> 丰富的黄金果然找到了。接着当然就要着手开采。成队的人带着

工具和用品，翻过陡峭的山岭，跨过到处都是瀑布和浅滩的河流，在苔原上摆开了长长的队伍，为的是在西伯利亚短短的夏天尽可能从地底下多挖出这种贵重的金属。一小群人在金矿里聚集着，齐心协力地工作起来。斧头砍得响，古老的落叶松和雪松在铁的威力下倒下来了，山地里被一条条沟渠所截断的流得很急的小溪，开始放出自己的力量来转动水轮，永冻的土壤被抛到淘洗的设备上而散成碎块，从里面开始分离出来闪亮的黄金颗粒。

随着金矿的开采，荒凉僻静的、一向极难到达的苔原上就出现了开采金矿的人们的村落，而那里矿床的富源和规模如果有发展前途，那里很快就会形成一个完整的金矿中心。许多道路开始通到这个中心，道路两旁修筑了过冬的处所，也就是很特别的、造得非常简陋的驿站，于是那草创的、十分孤立的金矿中心就此跟居民点连接起来，阴沉荒凉的苔原也就不再是不可到达的了；以后人们便更加大胆地到这里来，使苔原越来越听从人的支配。这样，西伯利亚各水陆交通干线就向各方面分出了一条条通往各金矿区的支路，像触角那样远远地伸入苔原。成千上万的人顺着这些道路进入苔原，许多的大车队带着各种用品来到这里，同时一股股的金流却从苔原往外流走，使西伯利亚很快改变面貌……

随着新时代的到来，新的主人来到了苔原上。新的技术和新的劳动方式使采金业活跃了起来。采得的金比以前多了，而采金所用的时间却比以

最原始的采金法——用盆冲洗金沙

前省了。

现在那里已经不再是偏僻的边远地方了。到处都架起了电话线和输电线。许多采金工人的住所都安装了无线电，到处都亮起了电灯。自行车和轻巧而又跑得很快的汽车也变成了这里常见的交通工具。

在金沙产地上，常常要使用挖泥机来进行开采。挖泥机是安在平底船上靠蒸汽或电力来开动的

用水枪采金，强大的水流冲洗着金砂

挖泥机

一种庞大的机器。它能把金沙挖起来加以冲洗，洗出金来。苏联的金矿使用着蒸汽的和电动的挖泥机，挖掘的深度达到 25 米，一次可以挖出半个到一个半立方米的金沙。在十月革命以前，挖泥机到了冬天就要停止工作，而现在，往往有整排的挖泥机一年四季不间断地工作着，即使在隆冬的条件下也一样地挖掘金沙。此外又建成了些巨大的选矿厂和分离黄金的工厂。

6.7 重银

早在 17 世纪中叶，西班牙人在哥伦比亚淘洗金沙的时候，就发展了跟金一起有一种比重大而像银的深色金属。这种金属跟金差不多重，不可能用冲洗方法把它跟金分开。虽然它很像银，可是它几乎不能溶解，也极难

使它熔化；当时认为它是贵重的金的偶然的、有害的杂质，要不然就是人们故意伪造的金。所以西班牙政府在 18 世纪初下令把这种有害的金属扔回河里去，而且要有人监视着把它扔掉。

这种奇怪的金属后来定名叫铂，1819 年在乌拉尔也发现了它。铂的奇异的性质不但引起了化学家的注意，——想把它溶铸成三卢布、六卢布和十二卢布的硬币，而且变成了贵金属。许多水上工厂——挖泥机——都来开采它。

轮子、斗槽、轴棍和筛子发出了嘈杂的、嘎吱的响声，把铂的小颗粒——沉重的铂沙——从沙子里冲洗了出来。不要忘记，一吨铂沙有时候只含 1/10 克贵重的铂。

当时铂主要是供牙医师制造不会变质的销钉、牙套、镶补材料和假牙使用。人一死，这部分铂也就随着尸体进入坟墓，从此不能再为人类服务了。

铂有 2/3 制成了精美的装饰品。剩下的 1/3 制成了电工仪器和化学器皿，因为这样的器皿既经久又耐火，价值非常大。

跟铂一同开采出来而且价值极大的，还有属于铂族的另外一些贵金属：锇，铑，钯，铱，钌；钌是 1845 年在俄国发现的，就是为了纪念俄国而命名的[①]。沙俄曾经独占过铂的市场。

沙俄开采的铂曾经充分供应世界市场 10 年左右，后来人们想从含铂的母岩里来提炼铂，也就是说，不从沙里淘洗，而从暗绿色纯橄榄岩里提炼它。这种岩石在乌拉尔成了整座整座的山，但是里面的铂的含量却只有千万分之几。

在第一次世界大战期间和十月革命开始的时候，乌拉尔的铂产量大大地降低了，于是哥伦比亚和加拿大都起来跟乌拉尔竞争。

---

① 钌的拉丁名称是 ruthenium，俄罗斯的拉丁名字是 ruthenia。——译者注

但在这个时候，南非洲发现了新的铂矿床，后来又接二连三地在其他地方发现了铂矿床。于是幸福的寻求者以及股份公司和银行又开始发狂似的忙起来。一批企业倒闭了，另一批企业兴起来；千百万英镑被集中起来，为了寻找和追求新的千百万英镑而把它抛出去。新发现的铂产地，在从好望角到北洛谛西亚那条 1500 多千米长的地带上几乎到处都是。这一带的铂不在矿沙里，而是含在母岩里，有些像在乌拉尔那样，不过含量更大些。这一带所产的铂的成本比较高，是没法跟苏联用装备完善的机器从沙里采取的铂相比的。

南非洲的地质学家说非洲有一个很大的产铂地带，这个地带从南到北贯通着非洲，北端是早已发现了铂的尼罗河上游和埃塞俄比亚。这个地带里含铂的岩石有相当大的几段露出地面上，又顺着裂缝侵入了沉积岩。在这个地带的下方，有些地方还有大量的溶化物在沸腾着，里面有溶解了的铂、铬和镍。

自然铂

含有多种金属的这类地带，地球上是很多的，有时候还长到好几千千米。例如在美洲，从加利福尼亚到巴西是银和铅的含量非常多的地带，中国的东南部有产锡、钨、汞和锑的地带，在苏联的西伯利亚和蒙古国有好几百千米长的"蒙古－鄂霍次克地带"，出产宝石、铋、锡、铅和锌。

在地球上所有这些巨大的矿产地带当中，只有乌拉尔和非洲才产铂——这种"折磨人的恶魔"，这是从乌拉尔矿沙里最初在开采的人们面前闪出这种贵重金属的银粒的亮光的那个时候，人们对铂的一种象征的叫法。

6.8 食盐和其他的盐

盐，我们在日常生活里都很熟悉。我们甚至习惯于把一种特殊的盐——食盐，氯化钠——简单地叫做盐。可是除了这种物质，还有其他好多种盐也是我们非常熟悉的。许多种盐都容易在水里溶解，我们常常把这些盐用作药剂，用作烈性的化学物质，或者用作毒药。许多种盐用在农业上，例如钾盐就是。还有不少的盐是化学工业的原料，这样的盐数量特别大，种类也特别多。

当然，并非所有这些盐都是地球本身的产物，都是能够直接始从自然界里得到的东西，它们当中有相当多的一部分是把各种矿物送进化学工厂里加工而制得的。可是在所有的盐里面，最主要、最重要的是我们简称叫盐的那一种，它就是金属钠跟气体氯生成的化合物。

一个人每年要吃食盐6-7千克。为了供应食用和化学生产的需要，全世界每年开采的食盐有1800万吨，这个数量超过了100万节车皮或2万列火车的载重量。没有食盐，任何地方的居民都不能够生活，难怪不产食盐的地方要从别处运进盐来。非洲中部有些居民，从前有时候要用买金的价格去买食盐，就是愿意付出1千克的金沙作为购进1千克食盐的代价，也是这个道理。为了取盐，聪明的中国人曾经想出过一种十分特别的方法：他们使泉水通过竹管流进大锅，再用天然的可燃气体来烧锅熬盐。国家越文明，盐的需要量越大。例如，在第一次世界大战以前，挪威人平均每人每年用盐5-8千克，而德国人和法国人，每人每年的平均用盐量却有15-20千克，在沙俄每人每年只用盐7千克。

当然你们知道，食盐的重要而且主要的来源是它在海洋里的储藏。它在地面上空、在地球表面上以及在地球内部漂泊流浪的历史就是从海洋开始的。在所有海洋的水里，食盐的总含量差不多是 2000 万立方千米，这个体积相当于长和宽各是 1000 千米而高为 20 千米的一个大扁形箱子的容积。

这么多的食盐可以把苏联的整个欧洲部分，盖上 4-5 千米厚的一层。

既然是这种情形，那就难怪会有纯净食盐的庞大矿藏从海洋里沉积出来了。西班牙的盐山，藏量的丰富多么值得惊奇，德国境内的大盐层竟然厚达 1000 米，还有克拉科夫地下的维利赤卡盐矿，里面竟有整座的地下食盐城市，市内的马路、大厅、教堂和食堂，都是从岩盐里凿出来的。所有这些盐矿的成因，我们也就可以理解了。

比起上面说的食盐储藏量来，苏联从顿巴斯著名的布良采夫盐坑里或从契卡洛夫附近伊列茨堡的盐层里开采出来的食盐，可就太少太少了！

不过，苏联的这些地方的食盐储藏量虽然"少"，开采的规模还是相当大的，为了帮助读者认清这种规模，下面引证几段我在 1914 年参观伊列茨堡时的记述：

> 你走进一间建筑在矿井上面的小屋子，穿上一件工作服，然后打开手电筒，采矿工长就领你踏着舒适的木头梯子开始往下走。一路上有些地方有电灯照亮着。木墙很快就走完了，接着两旁都是灰色结晶的、致密的岩盐块。在地下 40 米的深处，你进入了旧的开采面的一条条宽阔的水平坑道。这里周围都是纯净而显浅灰色的岩盐，在电灯光下像星星那样闪着亮光；这种岩盐既坚硬又致密，所以根本用不着木头支柱。这里的地面上和拱形的顶棚上有水流过，使岩盐进行再结晶而形成好像长了绒毛的雪白的块状体。顶上的岩盐形成了细长的钟乳石，像冰柱似的垂下来，同时地面上的岩盐形成了石笋，迎着钟乳石向上生长……

> 但是岩盐的开采并不是在这些水平坑道里进行的。你走近坑道内部的一个巨大的洞口，就能到一个非常宏大的场面：脚下是一个十分宽

敞的大厅，深 70 米，宽 25 米，长 240 米。这样的大厅比城里 20 层的大楼矮不了多少，同时长度几乎等于 0.25 千米。只要这样一想你就能知道这个大厅的大小了。

这就是开采岩盐的地方。我们走到这个世

岩盐

界上数一数二的大厅的顶棚下面，原来大厅上方完全是用木头顶棚遮住的，因为即使有不大的一块岩盐钟乳石从这么高的高处掉下来，也会危及深坑里采盐工人的生命。

整个大厅用 8 盏 700 烛光的电灯照明，灯光亮得使人很不习惯，在一段很长的时间里使人失去了视觉，过了一会，我才看出下方有许许多多的小车和人——整个像个蚂蚁窝。

人们不仅仅从这些岩盐矿井开采他们需要的食盐。整个地球表面上还分布着几万个盐湖，里面食盐的储藏量都是非常丰富的。在阿斯特拉罕草原，单单一个著名的巴斯昆恰克湖就占着 110 平方千米的面积。湖里食盐的含量将近 10 亿吨，即使按照人对食盐需要量的最高标准计算，这里的食盐也够全苏联人民使用 400 年。澳大利亚和阿根廷都有面积广大的盐土和盐湖，它们的总面积大到 1 万平方千米，相当于每边 100 千米的一个正方形，里面食盐的储藏量也是非常非常多的。

总起来说，在食盐方面，人类是没有什么可担心的，因为人类不会有盐荒的威胁；无论就食盐或其他的盐来说，苏联无疑是世界上储藏量最多的国家。

6.9 镭和镭矿石

一所好几层的大楼，里面有安静的实验室和研究室。我们顺着梯子往下走，被领进了地下室，后来又穿过地下走廊走进了一间不大的混凝土屋子，这间屋子就在院子底下，墙壁很厚。门锁打开了——在这间没有窗户的空屋子里立着一个不大的铁柜子。电灯灭了，铁柜子上有几扇小门开了，在黑暗里习惯了以后，我们就看见有几小条闪闪的亮光。我们的向导戴着戒指，这时候戒指上的宝石也开始发出强烈的亮光，随着他的手的转动，亮光突然一晃，而且离这些小条的东西越近，宝石发出的光辉越强。电灯亮了，向导从这些闪亮的小条东西里面拿了一条递到我们手里，原来这是普普通通的一个极小的玻璃管，里面装了些白色粉末。这些粉末只有2克——真正是一个小撮，可是这撮粉末的力量实在了不起：它不断地放出作用奇异的粒子射线，这种射线的一部分会在不知不觉中变成太阳里的一种奇异的气体——氦气。这一小撮粉末还会不断地发热，要到2000年之后发热的能力才会减弱到今天的一半。这种粉末真是奇怪，它发出的闪亮的射线具有非常大的速度：有些射线的速度等于光速，另一些射线是每秒2万千米。这种粉末能够发热好几千年，而且它所发的热很多，1克镭在1小时内就可以把25立方厘米的水加热到沸腾状态。

这种粉末就是镭盐，用它可以治疗极难治好的癌症。镭有时候会把人烧伤，有时候又会使人体组织免于死亡。

我们这些玻璃管里的镭盐，只需要一克的千分之几就可以治好不少人的病，可是对全世界来说，人们在最近30年里经过顽强的努力而得到的那600克镭盐当然是不够用的。这种粉末的作用尽管十分奇异，到底只有600克啊，或者拿体积来说，一共才120立方厘米啊！

　　然而上面所讲的镭的故事，是从末尾讲起的：因为镭在变成白色粉末以前已经有过相当长的一段历史，这段历史是在地底下开始的，后来才发生在工厂里和工业实验室里。

　　几乎没有一块土地里没有这种金属的极少量的痕迹。在任何岩石里，镭的含量都在 0.000，000，001% 左右，也就是相当于金或银的含量的万分之一。镭在整个地球表面上分散得十分厉害，每一万万万分中也许只能找到几分。然而不管地球里——说得确切些是深到 10 千米的地球外壳里——所含的镭是多么少，根据科学家的计算，加起来也有 100 万吨左右。镭的这个含量，当然无论跟金或银都比不过。但是不要忘记，目前镭的价格比较起来尽管还不算高——1 克重的一小撮镭才值 7 万金卢布，这个价格人们认为在今天是最低的，是非常便宜的，可是 100 万吨镭的价格已经大得惊人，如果要用数字来表示，大到要用 15 个以上的零才能写出来。

　　分散在地球里的镭，到不了人的手里，所以上面的计算只是一种逗人的计算。但是有时候，自然界会亲自来给人帮忙：使这种金属在自然界里的一些地方堆聚起来。不过堆聚的数量当然也有一定限度。在 100 克的岩石里永远不会发现比百分之几毫克更多的镭，因为科学理论告诉我们，它的含量不可能比这更多。而在实际上，镭在镭矿石里的含量还少得多。一车皮的镭矿石所含的上面说的那种白色的镭盐不是四五克，而是只要有一克，就算是好的了。所以人必须学会怎样从矿石里提取这种稀有的金属。

　　在非洲中部，在北美洲的加拿大伸入北极圈的那一部分，还有在荒凉的科罗拉多山地里，都有镭矿石的产地。

　　我们研究了各个国家好多处的镭矿床，同时又在苏联国内各地作了旅行。在这个过程中，有一次我们爬台阶和走坑洞感觉疲乏了，就蹲下来互相交换了一下对镭矿石的成因的意见。下面就是我们对远古时代地球面貌的看法。

　　第三纪开始到来了，在地质史上这是一个意义重大的时机，那时候，新的、年轻的阿尔卑斯山系沿着从前出现过山系的线路重新开始隆起褶皱，把旧的地层打乱和翻转过来，巨大的古地块翻到了年轻的地层上面，地壳就在这里断裂开来。这个山系伸展出去，又长又复杂，从大西洋的岸边起，经过西班牙、非洲北部、意大利和巴尔干，再经过克里木和高加索，一直延伸到帕米尔的各个地区和喜马拉雅褶皱山系。这种褶皱运动还从南向北移动，造成了突厥斯坦山地，使帕米尔高原升高到了 3500 米以上，然后才逐渐微弱下去，终于消失在北方的阿麓。

第三纪过了一半以后，这种强大的地质作用逐渐减弱，但是这种作用到今天也还没有完全停止。在阿尔卑斯山系从东向西延伸的那条很长的线路上，地面在今天也还在发生褶曲和断层。塔什干观测站里灵敏的地震仪今天还在告诉我们，这一带地方并不平静，而最强烈的地震正好发生在突厥斯坦山脉和阿赖山脉这一带。在有地面断开的这些地方，今天也还有许许多多温泉和有治疗功能的泉水从地下涌上来。这里还在进行着复杂的化学变化，在古老的阿尔卑斯山系逐渐平静下来的漫长过程中，直到今天，化学变化还在深不可测的地下进行得很猛烈。镭盐溶液也就在这些变化的过程中涌到地面上来了……

也正是在这个时候，就像在克里木山峰或克拉依那和达尔马齐亚高原那样，地面开始在气候温和湿润可是不均衡的条件下，发生特殊的变化，生成所谓喀斯特的地形。雨水开始侵入石灰岩的缝隙，逐渐溶解缝隙的内壁，机械地在石灰岩的内部开路前进，使石灰岩的内部出现一些又长又复杂的通路。

至于石灰岩山脊里所发生的范围这么广大的过程是在什么时候开始的，那就很难说了。这种过程可能是在第三纪大海逐渐消失，海里的石灰岩隆起成为一个个岛屿的时候已经开始，也可能开始得比较晚得多，是在河流侵入石灰岩的深处而形成河床的时候开始的，但是不管怎样，喀斯特地形的生成过程，看来即使在今天、在气候干燥得几乎跟沙漠一样的条件下，也还在进行着。

地下深处的热水带着它们奇妙地积聚起来的铀、钒、铜和钡，就正是渗入了这种喀斯特洞。而镭也就跟它们一起从深不可测的地下来到了这里……

6.10　磷灰石和霞石

磷灰石是什么，霞石又是什么？这两种矿物在不久以前还不是每一个青年矿物学家都知道的，也不是在每一套矿物标本里都能找到的。

磷灰石

磷灰石主要是磷酸和钙的化合物。这种矿物的外观有各种各样而且非常奇怪。它有时候生成透明的小晶体，这种晶体的碎屑像绿柱石，甚至像石英，有时候生成跟普通的石灰石没有分别的致密的块体，有时候生成放射线状的球体，有时候又生成闪光的粉状岩石，像粗粒大理石那样。

霞石也不容易根据外观来辨认。这种石块不好看，显灰色，又很模糊，在野外就很难跟普通的灰色石英辨别开来。

霞石

这两种石头在 30 多年以前，有谁听说过呢？而现在，苏联报纸上却常常看到它们的名字；"磷灰石"这个词几乎已经成了一个普通名词，苏联人民把它看做北极的金子。

在苏联，所有化学工厂都在盼着磷灰石，而田地上——种植谷物、亚麻、甜菜和棉花的一望无边的田地上，更是非用磷灰石不可。

不久，苏联的每一块面包里就要含有多少亿个从希比内产的磷灰石来的磷原子，而铝制的羹匙……，也将是用希比内产的霞石来制造了。

这里我们又说出了一个名词："希比内"。原来苏联的磷灰石和霞石，是跟希比内这个地方有密切的关系的。

在这本书开头，我曾讲到圣彼得堡的青年们怎样开始到北极圈里的希比内地块去工作，又曾叙述我们怎样在沼泽、丛林和苔原等偏僻地方初次发现了各种稀有的石头，其中也包括绿色的磷灰石在内。可是在今天，一切都改变了：希比内在 15 年里已经变成了一个新世界——北极圈里第一个兴起的工业世界。

我们今天只要在基洛夫斯克铁路干线上一个新修的枢纽站——阿帕基特站[①]——坐上华美的电动火车就可以直接开进这城市。铁道旁边那条水势湍急的白河从前我们必须十分困难地渡过它，而现在，火车却可以沿着它，穿过森林直接开到武德亚岛尔湖，开到基洛夫斯克市，开到出现了技术、工业和农业的奇迹的地方。

下了火车，我们也没有顾得看看周围的风景，就又改坐小汽车走上了一条路况很好的大道，朝着库基斯岛姆乔尔山里开采磷灰石和霞石的那些矿坑继续前进。坐在汽车里向左看出去，一直是巨大的乌尔基特支脉，这是一座大山，它的 3/4 是由近乎纯净的霞石构成的。接着我们看到了闪光的尤克斯波尔斜坡……

过了新的矿山城镇、邮政局、药房、汽车库和公共食堂，走了 25 千米以后，我们就开始顺着越来越陡峭的山路往上走。一路上有许多卡车飞驰

---

① 阿帕基特的意思就是磷灰石，照意思译这个站可以叫磷灰石站。——译者注

过去，下方有火车呜呜地开过，有些地方还传来了爆炸崩塌的声音。

我们的汽车向上疾驰，很快就开进了磷灰石地带，又过三分钟我们就到了世界上一个最奇特的工作面：在这里，有发出绿色闪光的磷灰石跟灰色的霞石共同形成了一座高约百米的致密的峭壁。

希比内苔原的这个奇妙的地带长达 25 千米，围绕着这个苔原。这里的磷灰石埋藏在地面下非常深，甚至比海平面还要低的地方，世界上任何其他地方的矿石都没有埋藏得这样深的。

希比内地区新兴的矿山城镇

发出闪光的磷灰石先用小车运到两个输子坡，再从这里用钢索向下运到萨姆河（罗帕尔河）的河谷里，去装火车。

一部分磷灰石上了火车就直接运往苏联各工厂，还有一部分运到摩尔曼斯克装船出口。

可是大多数火车都开出得不远——只开到基洛夫斯克的一个工厂。这是世界上最大的一个选矿厂，它每年要从岩石里选出不少吨非常纯净的磷灰石。

在选矿厂里，碾碎了的岩石要放在大桶里进行浮选，结果绿色的磷灰石就带着泡沫漂在上面，灰色的霞石沉淀就沉在桶底上。纯净的磷灰石这种"精矿"选出以后还要经过干燥。干燥了的磷灰石可以放在巨大的电炉里来制成纯净的磷和磷酸，但是现在是把它运往维尼察、敖德萨和康斯坦丁诺夫卡这些地方的磷酸盐工厂去制造最好的肥料。

我们希望苏联的田地和草地每年能够得到几百万吨用磷灰石制成的这种粉末状肥料，希望所有糖用甜菜和棉花的垅上都能撒上这种肥料，这样，作物的产量就会加倍，糖用甜菜会长得非常大，雪白的棉桃会结得非常多，籽粒会生长得非常饱满！磷灰石是使田地变得肥沃的石头，是生命的石头，是集体农庄的财富，是有关苏联前途的石头。

可是我们现在要做一道非常有益的简单的算题：将来苏联人民每人每天要从希比内产的磷灰石里吃下多少磷去？

如果给苏联境内所有种植谷物的田地进行正常的施肥，那么，这些田地每年需要的磷肥就是 800 万吨左右，其中磷的含量大约是 8%，而进入谷物籽粒的磷却只有这 8% 中的 10%。

算一下就能知道，每个苏联人民将来每吃下去 1 千克粮食，就会吃下希比内产的磷灰石 5 克所含的磷（因为还有少数的磷是苏联别的磷酸盐产地供给的），他每吃一口面包，就差不多要吞下 50，000，000，000，000，000，000 个从北极圈里库基斯岛姆乔尔矿山经过遥远而又复杂的道路而来的磷原子。

固然，苏联现在还没有施用这么多的用磷灰石制得的肥料，因为苏联还没有足够的工厂和磷酸盐工厂来加工磷灰石，然而我们还是可以采取一个最

科拉半岛的磷灰石矿山

低限度的可能的数字，就是把上面的那个数字最前面的 50 改做 1，这样，每个苏联人民每吃一小块面包，还是会吞下无数亿个来自希比内的磷原子！

说真的，每一块面包、每一块亚麻织物、每一件棉布衬衣都含有从磷灰石来的微粒，甚至我们吃的糖也是依靠希比内的磷灰石而存在的！

可是我们还不仅仅把磷灰石撒在田地里。我们还要它溶解在池塘里，来加速鱼的生长；还把它变成十分贵重的药剂，使衰弱的人在工作以后服用了它可以祛除疲劳。我们还能把它制成防锈的物质，用来涂在飞机的钢制的翼面上。

在冶炼青铜和铸铁的时候，将来还能利用磷灰石来改善品质；一句话，我们苏联要在好几十种生产上自豪地使用这种国产的磷灰石。

但是，要使磷灰石能够有这样多的用途，还必须设法去掉跟它混杂在一起的霞石，从而得到十分纯净的精矿。

那么这种磷灰石的伙伴，对使用磷灰石有妨害的霞石，又有什么用处呢？苏联的地球化学家和工艺家已经研究清楚了霞石的性质，知道霞石可以用在非常多种多样的工业部门里，譬如制革工业中可以用它制造优良的鞣料，陶瓷工业中可以用它代替贵重的长石，纺织工业中可以用它使织品具有耐水的性质，而它的最主要、最重要的用途还是提炼金属铝。

人正在创造磷灰石和霞石的历史。

以前谁都不知道的这两种石头，现在已经成了苏联最有名的矿产了。地球化学家、工艺家、矿物学家和经济工作人员已经把这两种石头变成苏联工业和文化上的最大的财富了。

6.11　黑煤，白煤，蓝煤，红煤

我们在生活里只熟悉黑煤，因为我们的家用炉子里、工厂的锅炉房里、冶炼金属的炉子和鼓风炉里、铁路机车的燃烧室里所燃烧的都是它。

黑煤是能量巨大源泉，所以整个工业以至整个经济部门主要都是依靠这种"黑色金刚石"，——苏联人民有时候这样正确地称呼普通的黑煤。一个国家是不是富足，常常看它的煤和铁是不是富足。在产煤多的地区兴起了工业中心；世界各个角落的矿石和原料都往那里运。煤是国家生活的神经中枢，是国家在各方面发展的保证。谁没有听说过苏联的顿巴斯和库兹巴斯呢？这两个地方不但是苏联主要的锅炉房，而且是苏联黑色冶金业的中心啊。

但是……在利用煤的道路上也有不小的"但是"：技术发展得很快，人类面前出现了许多新的要求，而为了满足这些要求，人类就不得不解决越来越多的新问题。因此，现代的人也跟几千年以前的古人一样在寻找能。

但是古代的人不会利用自然力，……他征服了人类自己，把人变成了奴隶：10 个奴隶相当于 1 匹马力。

从那时候起，人已经前进得非常远了：人制造了相当于 30 万 –40 万人力的机器，建立了巨大的输电装置，拿俄国著名物理学家乌莫夫（Умов）的话来说，人仿佛是在"顺着几千俄里长的金属线，一刹那间就把千百万奴隶连同他们的劳动所需要的全部食物都运送了出去。"

现在人所用的自然界的能量，总数相当于 30 亿人力（大约是 3 亿马力），可是人还得寻找更多的能源。

那么，我们在地球上从哪里得到或者能够得到能源呢？

我们可以把各种能源列成一张表：

1. 活煤——人、马和其他动物的体力。
2. 黑煤——天然的碳，有无烟煤、烟煤、褐煤和炭质页岩等。
3. 液煤——石油和地沥青。
4. 挥发煤——从地下喷出的可燃气流（烃）。
5. 灰煤——沼泽里和湖泊边上的泥炭。

6. 绿煤——木柴和蒿秆。

7. 白煤——往下落的水力。

8. 蓝煤——风力。

9. 青煤——海水的潮汐。

10. 红煤——太阳能。

第一种动力，现代的人越来越使用的少了，第三种和第四种的一部分，他们要保留下来进行化学生产，第六种，他们正在节省使用，为的是把木材合理地用在各种经济部门上，至于第八、第九和第十种，人还不善于支配。人只是仗着第二、第五和第七种动力来建立经济事业，他还只能把那分散在非常辽阔的地区的泥炭收集了来，又把瀑布的水利用了来支援煤。

在全部的人类历史上，已经烧掉和消灭掉的煤大约有 500 亿吨；现代人每年开采的煤达 10 多亿吨，也就是不下于 100 万列火车的运载量。可是煤的开采量每 100 年至少要增加到原来的 50 倍，于是人们不禁要问：现在煤的全部地下储藏量还够几年开采呢？地质学家算过，现在地下储藏的煤一共是 5000 亿吨左右，这就是说，黑煤最多还够开采 75 年。由此可见，人类未来的动力，单靠黑煤是不行的。

这样，就必须另外寻找能源。白煤——急速下落的河水和瀑布所产生的水力，这是首先引起我们注意的能源。这种动力的总数超过 7 亿马力，可是现在被人利用的只有 5%。怪不得现代的人在建设巨大的水电站，在拦截河流，把水沫飞溅的瀑布引到水轮机里去，一年比一年多地支配这种往下落的水力。

但是白煤这种能源也不是取之不尽、用之不竭的。落水的能力对人类提供的能量是 70 亿人力，到了没有煤和没有石油的时候，它对人类的帮助一定极大，然而它毕竟也有限度，而人的要求的增长却几乎是没有限度的。科拉半岛、卡累利阿、高加索、中亚、阿泰——这些地方的白煤也得利用起来!

现在人们正在注意蓝煤——风力。早在古代，人们就学会了利用风力来转动风车，和推动湖里和海里的帆船。在这方面，人类的技术思想还有广大的活动领域，因为现在人对于调皮而不稳定、可又非常巨大的风力还不一定总能制服得了。一望无际的卡查赫斯坦草原和西伯利亚西部草原，就是将来利用蓝煤的地方!

人还在注意青煤，也就是一望无边的青色海洋上所产生的能量。这里每天二次涨潮的时候总有巨大的浪涛打到岸上，这就说明潮水也是一种天然动力源泉，不过这种新的能源目前还没有被人征服。我们对于波罗的海、白海和黑海涨潮时的浪涛所产生的这种动力还估计不足，对于海洋岸边——摩尔曼斯克边区地带或太平洋沿岸的那些大海湾——的这种出奇的动力还没有给以正确的估价!

那么，全世界储藏的能量究竟有多少呢? 对这个问题，俄罗斯物理学家乌莫夫的一次精彩的演说里已经作了答复：

> 必须寻找新的能源。凡是可以从生物世界得到的能，以及可以从水力、火力和风力产生的能，都是由地球的自然作用所捕捉和储藏起来的太阳能，可是现在已经可以看出这几种能在我们这个行星上有些已经快要用完了，有些也已呈现缺乏的现象。

> 剩下的出路只有一条：必须进入一个更高的阶段——不再到地球的储藏库里去找能量，而到宇宙太空的宝库里去找它。如果我们在物理科学上不能找到有希望的答案，这个推论就等于把我们的文化扼杀或者判处死刑。

> 人已经使自己的眼光变得比鸟的眼光还锐利，因而能够看透无限遥远的太空；人的思想可以一下子飞过海洋，比鹰还飞得快；拿肌肉的发达和奔跑的速度来说，地球上生存过的任何一种野兽也比不过人。那么人还需要什么呢?

人把动物远远甩在后面以后，现在正想从植物那里学得一种本领——用自己制造的仪器来直接捕捉太阳能。

在离太阳跟地球离太阳一样远的地方，垂直落在每一平方米的表面上的太阳光线所带的能量，相当于 2.6 马力。这些能量有一部分被大气吸收掉，主要是被水蒸气、二氧化碳、云和尘埃等吸收掉。在纬度 45° 附近，到达每一平方米的地表面的能量大约是 1 马力。把所有这些因素都考虑在内，包括地理位置、阳光照射时间的长短等，可以计算出来，单在撒哈拉沙漠一处，全年落在上面的能量就等于现代全人类需要的全部能量的 1 万倍。

人类的将来要靠红煤，要靠捕捉太阳能；要靠善于利用那能够代替煤、泥炭、石油、水力的光，那时候，人类耗尽了天然富源，用尽了地下富源，全部控制了往下落的水和吹来的风，就只有把太阳能引到工厂里来代替那黑色的金刚石了。而我们的眼光那时候也就又要转向中亚，因为那里无论春夏秋冬，都能受到明媚而又温暖的阳光的充分照射。太阳，正是太阳，将来会开动机器、汽车和火车，会把屋子烘暖，把锅炉烧热，太阳正是我们的"新"能源！

但是……现在我们又前进了一步，看到将来的主要能源应该是原子内部所蕴藏的能了；原子能比煤里所含的能大千百万倍，1 千克的铀发出的能量就等于几列火车所装运的优质煤所发出的能量！人类未来的希望就寄托在这里！

6.12　黑色的金子

液态的黑色的金子，也就是石油，是地球上最了不起的矿物之一。说它是液态的，是因为它确实会流动，尽管它所含的很轻的汽油和其他的气体会挥发，有时候又凝固出致密的石蜡块或重油块。说石油这种矿物是黑色的，是因为它从地下开出来的时候是具有芳香气味的黑色物质。它一定要在专门的工厂里经过复杂的提纯和分馏，才能变成十分纯净、透明而又完全无色的各种液体。这些液体在太阳下面的反射光具有特殊的绿的或紫的色调。说石油是金子，因为它是一种巨大的天然富源，欧美的国家为了这种富源一直在互相争闹，进行流血的战争，用武力侵占生产石油的地区。

现在苏联不但能够自己生产汽油、煤油和重油来充分供应本国的需要，而且每年还能够用400只轮船装载200万吨以上的这种产品从高加索输出国外。

怪不得到处都在极力寻找石油，石油的钻井深到4千米以上。每发现一处石油产地都引起人们的注意：乌拉尔中部或者乌拉尔南部的斯捷尔利塔马克附近（叫做"第二巴库"）发现了石油，这就使乌拉尔有自己足够的液体燃料；土库曼的涅夫捷达格的绝好的石油喷泉，每天能猛烈的地喷出几千吨石油。

可是石油是什么呢？它是从哪里来的呢？不用隐瞒，回答这个问题并不容易，科学家直到现在也还在争论石油成因的问题而没有得到一致的看法。在从前，特别是在俄国著名的化学家门捷列夫的影响下，我们曾经认为石油是在地下非常深的地方由于过热的水蒸气对某些碳的化合物作用而形成的，它就是从那里涌到地面上来的。可是现在知道，生成石油的地方离地面并不远，生成石油的物质是植物的残体，尤其是藻类的残体。的确，在苏联广大的领土上，特别是在诺夫哥罗得省和加里宁省的湖泊里，湖底上积聚着一些特

巴库附近森林般的油井架

殊的物质——腐泥，也就是死掉的动植物跟淤泥共同形成的黑色粥状物质。如果这种粥状物质埋在沙子和黏土下面，并且陷入地下深处，由下方受到热的作用，那它就会变成极像石油的物质。现在，苏联南方中亚的太阳正在引起这样的作用，巴尔喀什湖的浪涛常常把带有黏性的黑色物质打到岸上来，这种物质非常像橡皮，又像某几种石油凝固的生成物，这就是著名的巴尔哈什腐泥煤，是由岸边腐烂的芦苇生成的。

我们现在甚至已经知道生成石油的必要的地质条件。最大的石油矿床总是沿着大山脉，譬如高加索山脉，并不是没有原因的。这里在有山脉环绕着的低地上，正好和泥泞的湖泊或浅水的海湾一样，具备着积累沉积物以及使沉积物由下方受热的有利条件。这里的石油通常总跟盐和石膏的矿层在一起，而跟石油一起流出的水又含碘和溴——这些物质就说明了海生植物在石油生成中所起的作用。

美国地质学家曾经提到美国产的石油所具有的一些有趣的性质。他们曾经特别小心地从地下 700-800 米深的地方开采石油；但他们在这么深的地方所采到的石油里却发现了细菌。很难设想这种细菌是从地面上渗到地下去的；这种细菌多半是某些生物的后代，而那些生物早在变成石油的那些植物还在生长的时候就已经存在了。新的研究工作将来可能证实这样的假设。

可见石油是在地底下由古代的生物残体变成的，现在我们正在加强寻找石油的工作，把它从地下深处汲取出来。

石油到了地球表面上，人就把它放在炉子里烧掉，或利用它来给住所照明，或把它进行分馏，或把它变成价值更大的其他物质。地球内部储藏的所有石油，大概还够人类使用 150 年，那么以后怎么办呢？

将来我们会用劣质的煤来制造人造石油，我们的化学家将来会把煤、油页岩和泥炭变成汽油和煤油。

6.13　稀土族元素

近年来，自然界里十分稀罕的奇异物质已经在开始变成工业上的常用品了。像钛、钽、铯、钼、铪和锆这些金属和土族元素，从前任何人一点都没有听说过，甚至化学家和矿物学家也几乎一点都不知道，而现在却都意外地有了用处。在这些十分稀少的化学元素里面，有许多种现在已经在加紧制取，而它们的用途有时候也是完全想不到的。大约在 20 年前，发现了一种新的元素——铪。它在哥本哈根的一个实验室里好容易才制了几克，但它的用途却很快就找到了。人们发现如果向用来制造电灯泡的灯丝的合金中加入极少量的铪，灯丝的寿命就可以延长好几倍。因此铪就成了时髦的金属；1 克铪盐的价格高达 1000 卢布。

另外几种金属也很快找到了用途：锆用来制造搪瓷的釉，锂用来制造干电池，钽用来制造电灯泡的灯丝，钛用来制造耐久的白色颜料，铍用来制造轻的合金。具有同样命运的还有一族奇异的化学元素——叫做稀土族元素，其中主要的是铈、镧和钇①，还有重元素钍。

多年前，天才的维也纳化学家奥爱尔获得了一个有趣的发现：他把一小块钍盐和几种稀土族元素的盐放进了普通的煤气灯火焰，结果这些盐灼热起来，煤气灯就变得异常光亮。他决定把这个发现用在照明方面，因为当时电起的作用还不大，城市都在用煤气来照明。可是这位化学家的想法并没有得到大家的同意，他的理想被认为是幻想：因为这些盐十分少见，所以给这些盐寻找的实际用途，在当时看来也是空想。但奥爱尔决定去寻

---

① 钇实际上是两种元素，一种叫钕，一种叫镨，1841 年莫桑德从氧化镧里提出一种粉红色的新氧化物，他相信里面含有新元素，命名叫做钕。1885 年奥爱尔又从钕分离得钕和镨。——译者注

找这种所需要的、天然产的物质，不久，他就在巴西的大西洋沿岸发现了蕴藏丰富的一种金黄色矿物的矿沙，这种矿物叫独居石，里面含有几种稀土族元素和钍。

潮退以后，很容易在潮湿的海岸上收集到闪着金黄色的独居石颗粒。远洋轮船就开始成千吨成千吨地把这种珍贵的货物运往汉堡。

维也纳的大工厂就用细软的纤维织成纱罩，又从海外运来的独居石里提出钍盐和稀土族元素的盐来制成溶液，把纱罩浸在这样的溶液里。接着又把浸过的纱罩取出来让它干燥，这就是煤气灯罩，以后在煤气灯里点燃的时候就烧成一种很脆弱的罩子。煤气照明装置在发明以后20年才得到这种改进：煤气灯口上的火焰本来是颤动着，不安定的，又显黄色，改进以后就安定了下来，并且发出强烈的白光。全世界各工厂每年制造的煤气灯罩超过了3亿只，假如后来不是电灯多了起来，煤气灯罩的产量还会增加。可是在制造煤气灯罩的时候，主要是使用钍，稀土族元素得到使用的也只有不多几种，至于其他稀土族元素的盐，尤其是铈盐，仿佛都成了生产中的废物，大量地堆在工厂的院子里没有用处。所以还必须给铈盐寻找用途。铈盐的用途固然是过了25年才找到，然而给铈盐安排的用途却是料想不到的合适：用稀土族元素和铁制成的合金在同钢撞碰的时候，很容易发出温度达到150℃—200℃的炽热的火花，因而很容易使汽油、棉花和麻屑着火燃烧。于是就根据这个道理开始制造使用这种"燧石"的打火机，而这种打火机也很快就得到了广泛的使用；可是尽管这样，煤气灯罩生产中的废物所含的各种稀土族元素，还不是每一种都真正找到了用途。直到最近才知道，稀土族中有几种金属，如果加到玻璃和水晶里，就会使玻璃和水晶显出鲜艳的颜色，如金黄色、黄色、红色或紫色。于是人们开始用这样的玻璃来制造器皿、茶杯和花瓶。其中红色的玻璃特别有价值，因为透过这种玻璃的光线有透过浓雾的本领，所以路上的交通信号灯就渐渐用它来制造了。这样，玻璃工业也就兴起了许多新的部门。许多种物质所经历的命运都是这样的！

最初几批智利硝石用船运到欧洲的时候，因为没有人买而不得不扔到海里去，而现在，硝酸盐却是很宝贵的肥料。含磷的铁矿石，长期以来都被认为不适用，后来托马斯才想出了一种冶炼这种矿石的方法，它能使炼出的钢和铁具有优良的性质，而磷都聚集在熔炉的内壁上。

现在，世界各地的科学实验室都在研究怎样利用各种矿物，由于无数次分析和实验的结果，常常产生了新的思想，出人意料地发现了新的道路，导致了新的成就。

6.14 黄铁矿

黄铁矿是地壳里分布最广的矿物之一。我们无论在平原上或山地里都可以找到它；它的晶体闪亮，显金黄色，几乎在每套矿物标本里都能看到。它的学名在希腊文里的原意是"火"，这也许是因为它在阳光下显出金黄色的闪光星，也许是因为它的石块受到钢的敲打就冒出明亮的火花吧。

跟石英和方解石一样，黄铁矿也是一种到处都有的矿物。可是特别有趣的是，黄铁矿生成的条件非常多种多样。有时候在普通腐烂的粪堆里就能生成小小的黄铁矿块。有一个矿物学家有一次在这样的粪堆里挖掘鼠的尸体时，就曾发现鼠尸的表面上都有微小的闪亮的黄铁矿晶体。

在莫斯科河的沿岸上，在侏罗纪形成的黑色黏土里，还有在圣彼得堡附近各处的河岸上，都有这种矿物小晶体在闪亮着。在博罗维奇市附近和图拉省，工人常常能从黑色的煤里拣出黄铁矿的碎块和晶体来。在高加索的军用格鲁吉亚大道上，常有孩子们在暗色的页岩块里拣出金黄色的小块黄铁矿。在乌拉尔的矿井里，在从前熔化过的岩脉里，都有跟金一同闪亮的黄铁矿。黄铁矿在苏联真是到处都有！

在黄铁矿的成分还是秘密的时候，人们往往把它当做金，或者当做铜矿石，因而把它隐瞒起来不叫人家发现它。

黄铁矿在人类历史上有很大的意义，因为它含硫50%。人们在全世界各处都在寻找黄铁矿的巨大矿床。许多地方都知道有黄铁矿——在西班牙、挪威、乌拉尔和日本，它的已知的总埋藏量多达10亿吨，然而我们还是感觉黄铁矿不够多。这是怎么回事呢？

用黄铁矿可以制造硫酸，而硫酸是制造肥料和炸药的最重要的原料之一。一个国家如果不能自己制造硫酸，就会处在十分困难的地位，因为许多工业部门都需要用硫酸。

在过去一个很长的时期里，人们只会用纯净的天然硫来制造硫酸。盛产硫的地方在意大利南部，著名的西西里岛，这里黄色的硫的埋藏量非常丰富。所以其他许多国家都要去向意大利讨好，而如果结果什么都得不到，有时候就派军舰到意大利沿岸去巡逻示威。

这种情况延续了好多年。但是在1828年有了一个小小的发明：原来制造硫酸也可以用其他的原料，譬如也可以用黄铁矿。黄铁矿在自然界里常能遇到，用它来制造硫酸很合算。于是人们开始寻找起黄铁矿来。最后，在1856年，终于在西班牙西部和葡萄牙发现了一些黄铁矿的巨大矿床。这些地方的黄铁矿埋藏量非常丰富，在开采上和运输上也都非常方便。这样，天然硫才遇到了有力的竞争者。黄铁矿开始在硫酸工业上占优势，因此使那些年里，葡萄牙成了引起全世界关注的地方。

硫跟黄铁矿之间的斗争开始了。可是后来美国发明了从地下采硫的一种廉价的方法。硫在美国北部蕴藏在地下深到二三百米的地方。这里的硫的开采法，是向地下深处涌入热的水蒸气。水蒸气在地下使硫熔化，后来液态的硫就流出到地面上来。这种方法又方便又省钱，就跟旧法激烈竞争起来，使得西西里岛的许多工人和农民都破了产。黄铁矿被排挤掉了，硫重新获得了胜利，黄铁矿又没有人要了。

但是这方面的斗争并没有结束：人们开始用机械化的方法开采地下的黄铁矿。为了进行这样的开采，他们投入了巨额的资本，因而西班牙产的黄铁矿又成了廉价的原料。于是黄铁矿又开始占上风。工厂设备又重新改装……但是，石膏在自然界里出产得很多，里面硫的含量也大，为什么放着石膏不用而要用黄铁矿或硫呢？硫酸是能够很简单地用石膏来制造的。因此，石膏将来很可能既代替硫，又代替黄铁矿。

黄铁矿

你们看，作为农业和国防工业的基础的硫酸生产，跟技术上的成就有多么密切的关系。技术上的成就哪怕很小，也可以改变先前的一切关系，可以贬低天然富源的价值，还可以使本来不需要的、没有用处的天然物质资源为人类服务！

以上就是人类最大天然富源之一黄铁矿的特殊的命运。这段叙述使我们懂得了什么呢？我想读者对于这一点，已经做出了结论：自然界里的矿物无所谓有用的和无用的，需要的和不需要的。技术的成就越大，科学家把各种自然奥秘钻研得越深，人们利用自然的方法就越多、越全面。